조금씩
몸을
바꾸며
살❤아갑니다

조금씩 몸을 바꾸며 살아갑니다
현대 과학이 알려주는 내 몸 교환법

제1판 제1쇄 2024년 7월 26일

지은이 이은희
펴낸이 이광호
주간 이근혜
편집 박지현
마케팅 이가은 최지애 허황 남미리 맹정현
제작 강병석
펴낸곳 ㈜문학과지성사
등록번호 제1993-000098호
주소 04034 서울 마포구 잔다리로7길 18(서교동 377-20)
전화 02)338-7224
팩스 02)323-4180(편집) 02)338-7221(영업)
대표메일 moonji@moonji.com
저작권 문의 copyright@moonji.com
홈페이지 www.moonji.com

ISBN 978-89-320-4280-0 43400

현대 과학이
알려주는
내 몸 교환법

조금씩
몸을
바꾸며
살아갑니다

이은희 지음

문학과지성사

들어가며

인터넷 서핑 중 한 동영상*에 눈길이 머물렀습니다. 바다에 사는 민달팽이의 일종인 엘리시아 마르기나타*Elysia cf. marginata*의 특이한 생활사를 다룬 영상이었지요. 몸길이 3센티미터에 불과한 이 작은 생물은, 나뭇잎을 닮은 몸빛과 생김새가 조금 눈에 띄긴 하지만 별다른 매력은 없어 보입니다. 그러나 이들의 진짜 매력은 하나가 아니라 둘로 나뉠 때에야 비로소 드러납니다.

평소와는 달리 움직임을 멈춘 엘리시아는 머리와 몸통을 잇는 부분이 마치 끈으로 묶인 것처럼 점점 조여듭니다. 저러다

---

* Sayaka Mitoh & Yoichi Yusa, "Extreme autotomy and whole-body regeneration in photosynthetic sea slugs," *Current Biology* 31(5), 2021, R233~R234.

가 끊어지는 건 아닌가 걱정이 드는 찰나, 진짜로 머리가 몸에서 툭 떨어집니다. 외부의 물리력 없이 저 스스로 머리를 참수해내는 엘리시아의 모습보다 더 기괴한 건, 그렇게 잘린 머리가 죽지 않고 살아 있을 뿐 아니라 시간이 지나면 몸 전체를 다시 재생해낸다는 점입니다. 이렇게 재생력이 강한 엘리시아지만, 이 분리로 인해 두 마리가 되지는 않습니다. 머리는 새 몸을 만들어내 다시 살아갈 수 있어도, 몸은 새 머리를 만들지 못하고 그대로 죽어버리기 때문이죠.

과학자들이 이 신기한 현상을 그대로 지나칠 리 없습니다. 엘리시아가 이처럼 번거로운 과정을 거쳐 새 몸을 만들어내는 이유는 기생충의 침입 때문입니다. 기생충에 감염된 엘리시아는 생존을 위해 그야말로 '살과 뼈를 모두 내주는' 선택을 합니다. 감염된 몸뚱이를 잘라버리고, 머리에서부터 다시 시작하는 것이죠. 잘린 머리 밑동에서 싹이 움트듯, 자그마한 몸이 자라나 불과 20여 일 만에 온전한 몸을 새로 만들어내는 것은 여간 신기한 일이 아닙니다. 인간에게 이런 일은 불가능의 경지니까요.

물론 인간의 몸도 어느 정도의 재생력은 가지고 있습니다. 그렇기에 시간이 지나면 찢긴 상처는 아물고 부러진 뼈도 다시 붙지요. 하지만 몸에서 떨어져 나간 신체 부위를 재생하는

기생충에 감염되면, 개체의 생존과 안전한 번식을 위해
몸과 머리가 분리되는 바다 민달팽이.
분리된 몸은 죽지만, 머리는 살아남아 몸 전체를 재생한다.

건 불가능합니다. 외팔 검객이나 애꾸눈 절정 고수들이 옛 무
협지에 자주 등장하는 것도 이 때문이겠지요.

하지만 인류의 역사란, 늘 자연이 인간이라는 종에게 부여
한 한계에 도전하는 과정이었지요. 추위가 닥치면 털갈이를
하거나 겨울잠을 자거나 따뜻한 곳으로 이주하는 대신, 찬 바
람을 막아주는 옷을 지어 입고 불을 피워 추위를 이겨냈습니
다. 먹을거리를 찾아 떠도는 생활을 청산하고, 땅을 일구고 울
타리를 쳐서 농사지으며 가축을 키웠죠. 병이 나면 그대로 받
아들이기보다 다양한 약과 치료법을 찾아내 건강을 회복하려

고 노력하는가 하면, 더 쾌적한 삶을 위해 집을 짓고 건물을 올리고 도로를 놓았어요. 그리고 우리는 이 모든 걸 '인간적인 삶'을 위한 행동이라고 말하지요.

어쩌면 인간다움이란, 자연이 부여한 조건 속에서 더 나은 삶을 위해 우리가 할 수 있는 최선을 다하는 일일지도 모릅니다. 그렇다면 우리 몸이 상처 입고 기능을 잃었을 때 그걸 대신하는 방법들을 다양하게 찾아보는 것이야말로 가장 인간다운 행동일 수 있겠지요.

인간은 엘리시아처럼 몸에 이상이 생겼다고 해서 해당 부위를 잘라내고 다시 재생시키지 못합니다. 하지만 다치거나 손상된 부위를 그저 운명이라고 받아들이지도 않습니다. 잃어버린 부분을 보충하고 손상된 기능을 보강해서 어떻게든 좀더 '인간답게' 살아가려고 노력합니다.

이 책에서 소개하는 글들은 살면서 우리가 잃거나 부족해진 부분들을 어떻게 메우고 보강하여 인간답게 살아가려고 노력하는지에 관한 내용입니다. 다만 여기서 주의할 점은, 이러한 방법을 적극적으로 찾는 행동이 상처 입고 손상된 몸을 가진 이들을 열등하거나 모자라는 듯 바라보는 시선과 연결되어서는 안 된다는 것입니다. 진짜 인간다움이란 인간이 스스로의 두 손으로 할 수 있는 일을 찾아내고 실현하도록 노력하는 것이지, 그렇게 찾아낸 결과로 서로를 차별하고 가르는 것이 아니기 때문이죠.

2024년 여름

이은희

차례

1장

빛을 찾다

—

시각

시계공은 존재할까

18세기 신학자 윌리엄 페일리William Paley는 「자연신학 또는 자연현상에서 수립된 신의 존재와 속성에 대한 증거」(1802)라는 논문을 통해, 생물은 신의 의도에 의해 만들어졌다고 주장하면서 시계와 인간의 눈을 예시로 들었습니다. 만약 당신이 길을 가다가 시계 하나를 주웠다고 가정해봅시다. 그것도 여러 개의 태엽 장치가 한 치의 오차도 없이 맞물리며 시침과 분침이 일정한 속도로 돌아가고, 숫자판의 눈금은 아주 일정하게 나뉘어 있으며, 뒷면에는 세련된 장식까지 더해진 멋진 명품 시계를 말입니다. 이런 정교한 시계를 본 사람이라면 이 시계는 태엽과 시곗바늘과 유리 덮개를 상자에 넣고 적당히 흔들어서 만든 것이 아니라, 분명 뛰어난 기술을 가진 일류 시계공이 정성과 노력을 들여 제작했다고 생각할 것입니다. 그게 당연한 일이니까요.

그런데 이렇게 시계처럼 정밀하고 복잡한 물체가 결코 저절로 만들어질 수 없다는 사실에 동의한다면, 시계보다 100만 배쯤은 더 복잡하고 정교한 인간의 눈은 어떨까요? 몇 종류의 단백질과 세포들이 제멋대로 결합해서 만들어졌다고 생각하는 것이 과연 합리적일까요? 어찌 보면 이는 말도 안 되는 일처럼 느껴집니다. 페일리의 주장이 바로 그것입니다. 신체의 일부인 눈조차 저절로 만들어졌다고 상상하기 어려운데, 그보다 더 복잡한 생명체가 저절로 생겨났다니요. 생명체는 저절로 진화한 것이 아니라, 절대적 존재에 의해 창조되었다는 것이 이치에 더 합당해* 보입니다. 그것이 바로 '페일리의 논증'이라 알려진 시계공 가설이죠.

복잡한 눈의 발생

모든 생명은 진화를 거쳐 지금의 모습을 갖추게 되었다는 것을 의심 없이 인정하는 현대인의 시각에서조차, 페일리의 시계공 가설에서 예로 든 '시계와 눈'의 비유는 매우

---

* 물론 이에 대해 모두가 찬성하는 것은 아니다. 진화론의 선두 주자 리처드 도킨스는 '다윈의 진화론'에 대한 오해를 풀고자 저술했다는 책 『눈먼 시계공』(이용철 옮김, 사이언스북스, 2004)에서 페일리의 논증을 조목조목 반박한다.

조금씩 몸을 바꾸며 살아갑니다

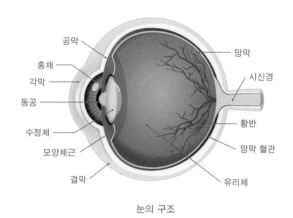

눈의 구조

직관적이고 그럴듯해 보입니다. 사람의 눈은 그만큼 복잡하고 정교하며, 각막-홍채-수정체-유리체-망막-시신경-시각겉질로 이어지는 시각 신호 전달 시스템 중 단 한 가지라도 잘못되거나 제대로 연결되지 않는다면, 시각은 기능하지 못할 만큼 유기적으로 조직되어 있습니다. 심지어 직접적인 시각 경로뿐 아니라 눈을 둘러싼 주변 조직들(안구근육, 눈물샘, 속눈썹, 눈꺼풀, 누관, 혈관 등)조차 적절히 발달하여 적확한 자리에 배치되지 못한다면, 온전한 시각을 유지하기는 어렵습니다. 그럼에도 불구하고 시각을 둘러싼 이 모든 조직이 처음부터 연결되어 발생하는 것도 아닙니다.

인간의 태아는 수정 후 4주경이면 신경관이 발달하는데, 이

신경관의 한쪽 끝, 장차 머리가 될 부분의 일부가 부풀어 올라 주머니 모양의 눈소포optic vesicle를 형성하고, 이 주머니의 한쪽이 안쪽으로 접혀 들어가면서 U자형 구조인 눈 술잔optic cup(안배)이 만들어집니다. 이 눈 술잔의 안쪽 벽은 이후 망막으로 분화하고, 바깥쪽은 공막이 되며, 입구 가장자리는 홍채로 분화합니다. 하지만 수정체는 이 눈 술잔과는 상관없이 독립적으로 발생하다가, 눈 술잔의 입구 쪽과 오차 없이 딱 맞물리면서 폐쇄적인 구 모양의 안구를 형성합니다. 눈이 만들어지는 과정은 기가 막히도록 정교하지만, 그 어느 곳에서도 이를 조정하는 절대자의 존재는 찾을 수 없습니다.

시각, 세상을 인식하는 채널

'몸이 천 냥이면 눈이 900냥'이라는 옛말이 있습니다. 겨우 지름 2.4센티미터짜리 안구 두 개에 대한 찬사로는 지나친 것 같으나, 사람의 감각 인식 방식을 보면 과한 말도 아닙니다. 인간의 경우 시각 외에도 청각, 후각, 촉각, 미각의 총 다섯 가지 감각 인식이 가능하지만, 시각에 의존하는 비율이 80~85퍼센트에 이릅니다. 다시 말해 시각을 잃는 경우, 외부를 인식하는 채널의 상당 부분이 닫힌다는 뜻이 됩니다.

하지만 세상에는 시각을 잃고 세상과의 통로가 상당수 사라진 이들이 적지 않습니다.「한눈에 보는 2022 장애인 통계」*에 따르면, 우리나라의 시각장애인은 약 25만여 명에 달합니다. 그러나 선천적 시각장애보다는 당뇨병 망막증이나 녹내장 같은 질환, 물리적 사고 등으로 인해 실명하는 후천적 시각장애가 훨씬 더 많아 전체의 80퍼센트를 넘습니다. 선천적이든 후천적이든 시각장애가 있다는 것은 여러모로 삶을 불편하게 하지만, 특히 후천적으로 시각을 잃는 경우 더욱더 어려움을 겪기 마련입니다. 지금껏 시각에 의존하던 생활 방식을 전면 수정해야 하니까요.

눈의 창문, 각막을 대치하다

빛을 잃어버린 이들에게 시각을 복원하려는 연구는 이미 오래전부터 있었습니다. 가장 대표적인 분야가 각막이식과 인공 수정체의 개발이죠. 안구 내부로 빛이 유입되는 최초의 관문인 각막은 외상이나 감염 등으로 쉽게 손상받을 수 있는데, 각막이 손상되면 혼탁하게 흐려져 빛이 제대로 투과

---

* 「한눈에 보는 2022 장애인 통계」, 한국장애인고용공단 고용개발원, 2023.

하지 못합니다. 마치 유리에 미세한 스크래치를 내면 건너편이 보이지 않는 불투명 유리가 만들어지는 것처럼 말입니다.

각막 손상으로 인한 실명을 치료하는 방법으로 타인의 각막을 이식하는 것은, 이미 1905년부터 시도된 유서 깊은 방법입니다. 그보다 이전인 19세기 초 유럽에서는 트라코마trachoma(유행성 결막염)의 대유행으로 각막이 손상되어 실명하는 이들이 대거 생겨났습니다. 이로 인해 각막에 대한 대대적 연구가 시작되었고, 먼저 동물을 대상으로 각막이식이 실시되었지요. 그로부터 얼마 후 프란츠 라이징거Franz Reisinger가 동물 간 각막이식에 성공했다는 발표를 합니다. 이에 자극받은 미국의 안과의사 리처드 키섬Richard Kissam이 1838년, 돼지의 각막을 사람에게 이식합니다. 일종의 이종이식이었지요. 1838년은 아직 마취제와 소독제가 수술에 사용되기도 전이니, 각막이식은 꽤 이른 시기에 시도된 셈입니다. 안타깝게도 키섬의 시도는 실패했지만 이후 각막이식술은 꾸준히 연구되었고, 1905년 체코의 안과의사 에두아르트 치름Eduard Zirm이 최초로 각막이식에 성공을 거둡니다.*

각막이식은 인체의 장기이식 중 가장 먼저 성공한 분야입

* Alexandra Crawford et al., "A brief history of corneal transplantation," *Oman Journal of Ophthalmology* 6(Suppl 1), 2013.

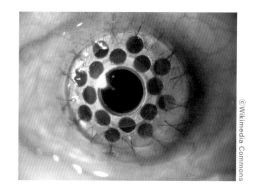

인공각막을 이식한 환자의 눈.
인공각막은 대기 기간이 적어 각막 손상으로 인한 실명의 치료 방법으로 쓰이고 있다.

니다. 각막에는 혈관이 분포되어 있지 않아 면역 거부반응이 발생할 확률이 매우 낮거든요. 그래서 각막은 기증자만 있다면 혈액형이나 면역계 타입에 구애받지 않고 비교적 쉽게 이식받을 수 있지요. 이에 따라 기증자와 이식자 사이를 연결해주는 각막은행이 20세기 중반에 설립되면서, 각막 손상으로 인한 실명의 기본 치료법으로 자리 잡게 됩니다. 하지만 이식의 수월성과는 별개로, 각막이식 역시 기증자와 수요자의 불균형이 심해 대기 기간이 긴 것은 마찬가지입니다. 따라서 대기 기간이 필요 없는 인공각막의 필요성이 커집니다. 현재 대표적인 인공각막은 1960년대 중반 클라스 돌먼Claes Dohlman

에 의해 개발된 PPMA 재질의 보스턴 I형 인공각막으로, 꾸준한 개선을 거쳐 안정성과 유효성이 입증된바 기증 각막의 부족분을 어느 정도 채워주고 있습니다.

눈의 렌즈, 수정체 — 가장 성공적인 이식물

두번째는 인공 수정체의 개발입니다. 수정체는 눈에서 빛을 모아 굴절시키는 역할을 하므로, 카메라에 비유하면 렌즈와 유사하다고 볼 수 있습니다. 수정체는 이름 그대로 맑고 투명하여 빛을 잘 투과시킵니다. 하지만 여러 이유로 수정체를 구성하는 단백질에 변성이 일어나면 수정체가 부옇게 혼탁해지는 질환, 즉 백내장白內障이 발생합니다.

백내장은 고대로부터 인류에게 가장 흔한 실명의 원인이었습니다. 흥미로운 사실은 백내장에 걸려 수정체가 혼탁해지면 빛을 차단해 실명하지만, 이 혼탁한 수정체를 제거하면 오히려 빛이 투과되어 일부나마 시력을 회복할 수 있다는 점입니다. 또 앞서 말했듯, 애초에 수정체는 발생학적으로 안구와 독립적으로 발달한 조직이기에 안구에 손상을 주지 않고 적출도 가능합니다. 이렇게 혼탁해진 수정체를 제거해 부분적으로 시력을 회복하는 시술은 고대 이집트 벽화에도 등장할 만큼 오래된 치료법이었습니다. 근대에도 인상파의 아버지로 유명한 화가 모네 역시 백내장으로 고통받다가, 수정체를 제거한 뒤 다시 붓을 잡을 수 있었다는 기록이 남아 있습니다. 물론 수정체를 제거하면 심한 원시(물체의 상이 안구 뒤쪽에 맺히는 굴절이상)가 발생하고, 수정체가 상당 부분 걸러주던 청색광이 그대로 투과되기에 시야가 푸르게 보여 이전과 같은 시력을 회복할 순 없습니다. 모네의 〈수련〉 연작은 말년으로 갈수록 푸른 색조가 강해지는데, 이를 그의 눈에 일어난 변화 때문으로 해석하는 학자들도 있지요.

이처럼 수정체는 기본적으로 렌즈의 구조인 만큼, 이식 시 거부반응이 적은 PPMA 재질로 만들어진 인공 수정체가 20세기 중반부터 도입되었지요. 이후 개량과 개선을 거듭해 현재는 시력 교정용 수정체, 색 보정 기능이나 다초점 렌즈 기능이 포함된 수정체 등이 다양하게 개발되어 사용되고 있습니다. 인공 수정체를 삽입하는 백내장 수술은 현대인들이 가장 많이 받는 수술입니다. 「2021 주요 수술 통계 연보」*에 따르면, 2021년 한 해에 이루어진 수술 210만 건 중 백내장 수술이 78만 1,220건으로 전체 1위를 차지합니다.

---

* 「2021 주요 수술 통계 연보」, 국민보험공단, 2022.

여전히 갈 길이 먼 인공 망막

각막과 수정체의 병변 및 외상으로 인한 실명의 치료 분야에서 얻은 발전과는 달리, 망막이 손상되어 실명할 경우 그 치료 및 보철 기구의 개발은 여전히 지지부진한 상태입니다. 망막에 존재하는 세포들은 일종의 중추신경계이므로, 한번 파괴되면 재생이 거의 불가능합니다. 따라서 망막 손상은 완치가 어려운 질환입니다. 또한 망막은 시각겉질과 연결되어 있어서, 망막이 손상되면 시각겉질의 인식 능력에 악영향을 미칠 가능성도 있습니다. 인공 망막의 개발이 망막의 복구에 그치지 않고, 시각겉질의 기능을 회복하는 데까지 이어져야 하는 까닭입니다.

다행히 여기에서는 긍정적인 결과가 나왔습니다. 1967년 영국의 브린들리Brindley와 루인Lewin은 무선 시각겉질 자극기를 이용해 망막 손상 환자들의 시각겉질에 전기적 자극을 주어, 이들이 눈 안에서 번쩍이는 듯한 섬광을 느끼는 것을 관찰한 바 있습니다. 이 소식을 들은 학자들은 망막에 존재하는 시각세포의 역할에 주목했지요. 시각세포들의 기능을 단순하게 정리하면, 안구 내부로 유입된 물리적 에너지인 빛을 전기적 신호로 변환시켜 뇌의 시각겉질에 전달하는 역할을 합니다. 이를 바탕으로 학자들은 빛을 받아들이는 화상 획득 장치,

이 빛이 가진 정보를 파악해 전기적 신호로 바꾸어주는 신호 전환 장치, 이 신호를 시신경에 전달하는 시신경 자극 및 전송 장치, 그리고 이 모든 것을 움직이게 하는 전원 공급 장치를 연결시켜 생물학적 눈을 대신할 '기계 눈'을 개발하려고 시도하고 있습니다.

지난 2013년, 최초로 미국 식품의약국FDA의 승인을 받은 망막 보철 장치 '아거스 IIArgus II'에 이어, 최근에는 이보다 업그레이드된 시각겉질 보철 장치인 '오리온 비주얼 코티컬 보철 시스템Orion Visual Cortical Prosthesis System'이 출시되었습니다. 오리온은 선글라스 형태로 만들어진 카메라로 시각 정보를 수집한 뒤 변환 장치를 거쳐 이를 전기신호로 바꾸고, 시각겉질에 미리 삽입해둔 임플란트 장치를 통해 시각겉질을 직접 자극해서 이미지를 만들어냅니다.

이렇게 변환된 시각 신호는, 우리가 지금 두 눈으로 보고 있는 풍광과는 사뭇 다른 형태이기에 착용자가 이에 적응하려면 몇 달간의 조정 기간을 거쳐야 합니다. 그럼에도 불구하고 사물의 인식 및 움직임에 대한 정보를 전달할 수 있어 긍정적으로 평가받고 있지요. 향후에는 뇌에 심어두는 임플란트에 배열된 전극의 수를 늘리면 좀더 섬세한 시야 구분이 가능해질 것으로 예상되고, 두 대의 카메라가 찍은 정보를 합치는 방식을 통해 원근감도 줄 수 있을 것으로 여겨져 인공 시각의 실현에 대한 기대감이 한층 높아지는 실정입니다.

여전히 인공 망막은 사람의 눈을 대치하기는 어렵습니다. 하지만 그 어둠이 영원히 지속되지는 않을 겁니다. 누구나 언제든, 밝은 빛으로 가득 찬 세상을 눈에 담을 수 있는 날이 하루빨리 도래하기를 바라봅니다.

"유전자 치료, 새 빛이 될까?"

지난 2017년, 미국 식품의약국FDA은 희귀 유전성 망막 질환 환자들의 시력 개선을 위한 유전자 치료제 럭스터나 Luxturna를 승인한 바 있습니다. 변이가 일어난 유전자의 기능을 대신하도록 정상 유전자를 안구 안쪽에 넣어주는 방식이죠. 이 방법은 임상 실험을 통해 환자의 시력을 일상생활이 가능한 수준으로 회복시키기에, 이 밖에도 다양한 유전성 망막 질환의 치료에 새로운 방향을 제시했습니다. 다만 1회 치료비가 우리 돈으로 수억 원에 달하는 고가라는 것이 앞으로 해결해야 하는 또 다른 문제로 남았지요.

조금씩 몸을 바꾸며 살아갑니다

2장

다시 고동치다
—

심장

심장이 멎는 것 같을 때

　지나치게 기쁘거나 슬플 때, 사람들은 종종 "심장이 멎는 것 같다"라고 말합니다. 늘 일정한 리듬으로 꾸준히 박동하는 심장의 움직임마저 달라진다고 느낄 만큼 심리적 감정 변화가 크다는 것을 뜻하는 일종의 은유적 표현인데요, 누군가는 실제로 이런 상황에서 심장이 너무 뛰어 몸 밖으로 튀어나올 것 같다든가, 심장이 툭 떨어지는 줄 알았다고 말하기도 합니다.

　실제로 감정은 심장에 영향을 줄 수 있습니다. 배우자와의 사별이나 목숨을 위협하는 크나큰 스트레스 상황을 겪은 이들은 신체에 물리적 타격을 입지 않았음에도 불구하고 심장병 증상이 나타날 때가 있습니다. 이를 상심 증후군broken-heart syndrome이라고 하는데, 극도의 스트레스 상황 자체가 원인이 되어 일으키는 심장의 이상 증상을 일컫는 것이죠. 상심 증후

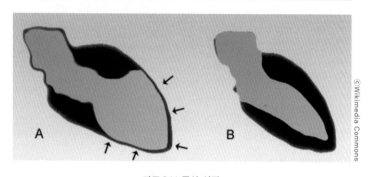

타코츠보 증상 심장.
세상에서 가장 슬픈 병이라 할 수 있는 상심 증후군을 겪은 이들을 검사해보면,
심장의 아랫부분이 유난히 수축되어 입구가 좁은 항아리 모양으로 변형되어 있다.

군에 걸린 이들은 가슴이 답답해지면서 통증과 두근거림이 심해지는 등 심부전 증상을 겪으며, 심지어 이들 중 일부는 사망에 이르기도 합니다. 슬픔이 사람을 죽인다는 표현이 단지 관용구만은 아닌 셈입니다. 이렇게 상심 증후군을 겪은 이들을 검사해보면, 심장의 아랫부분이 유난히 수축되어 입구가 좁은 항아리 모양으로 변형되어 있곤 합니다.

심리적 충격이 신체적 심장 이상으로 나타나는 현상에 대해 학자들은 심장의 아드레날린 수용체 분포 양상 때문이라고 추측합니다. 심리적 충격은 아드레날린의 분비를 증가시키는데, 이 아드레날린에 반응하는 수용체가 심장의 아래쪽에 많이 분포되어 있기에 순간적으로 격렬하게 반응하여 이런 변화를 보인다는 것이죠. 아드레날린은 신장 위쪽에 모자처럼 붙어 있는 부신의 수질에서 분비되는 대표적인 교감신경계 호르몬입니다. 교감신경은 자율신경계의 일종으로, 투쟁-도피 반응을 담당합니다. 따라서 교감신경계의 흥분과 아드레날린의 분비는 동공 확장, 심장박동 증가, 모세혈관 수축, 혈압 상승, 혈당 상승이라는 신체적 반응을 이끌어냅니다. 정신적 스트레스 상황이 신체적 반응으로 이어지는 것이죠.

한 조사 결과,* 일본에서는 대지진이 일어난 이후 1년간 해당 지역 주민들의 심장병 발생 비율이 전해 대비 24배나 높아졌다고 합니다. 미국의 조사 결과**에서도, 끔찍한 폭풍이 휘몰아치고 간 지역에서는 이후 몇 달 동안 전에 비해 심장병으로 병원을 찾는 이들의 수가 폭증한다고 합니다. 감당키 어려운 자연재해에 맞닥뜨려 느낀 공포와 절망감이 이들의 심장에 무리를 주었기 때문으로 추측됩니다.

이처럼 극심한 스트레스는 심장 자체를 조여서 문제를 일으키기도 합니다만, 반대의 연구도 있습니다. 1957년 미국 존스홉킨스 의대의 커트 릭터Curt Richter 박사는 물이 담긴 수조

---

* Tatsuo Aoki et al., "Increased Incidence of Heart Failure in the East Japan Earthquake," *Journal of Cardiac Failure* 18(10), 2012.

** Joel N. Swerdel et al., "The effect of Hurricane Sandy on cardiovascular events in New Jersey" *JAHA* 3(6), 2014.

에 쥐를 넣고, 이들이 수조에서 빠져나오지 못하게 방해하는 실험을 통해 쥐의 신경 반응을 관찰했습니다. 물을 싫어하는 쥐에게 이 상황은 매우 심한 스트레스를 유발했을 겁니다. 그런데 이상한 결과가 나왔습니다. 스트레스 상황이라 교감신경계가 활성화될 줄 알았는데, 오히려 부교감신경계가 활성화되었기 때문입니다.

부교감신경계는 교감신경계와 상호 보완 작용을 하는 자율신경계로, 신체의 에너지 이용을 최소화해 에너지를 보존하는 기능을 담당합니다. 보통 스트레스가 없는 편안한 상태에서 활동하며, 교감신경과 정확히 반대로 기능합니다. 즉 혈압과 심박수, 호흡수를 낮추고, 위장관 활동을 증가시키고, 모세혈관을 확장시켜 피부를 따뜻하게 하며, 동공을 수축시키는 작용을 하는 것이죠. 부교감신경이 활성화되면 심장은 느리게 박동합니다. 그런데 극심한 스트레스 상황에 놓였던 쥐는 왜 신체를 이완시키는 부교감신경이 활성화된 것일까요?

대개 부교감신경은 신체를 이완시켜 편안하게 만들지만, 과도하게 활성화될 경우 개체는 무기력해지고 기립저혈압과 야맹증이 생기며 우울함이 심해져 삶에 대한 의욕을 잃어버리기도 합니다. 부교감신경이 활성화되었던 쥐들은 수조에서 헤엄치기를 포기하고 가만히 있다가 가장 먼저 익사했습니다. 상황에 대한 지나친 절망은 본능적인 투쟁과 도피조차 포기하게 만들고, 종국에는 심장박동마저 정지시켜버리고 말았던 것이죠.

이렇게 극심한 스트레스 상황은 서로 정반대 작용을 하는 두 자율신경계를 동시에 압박해, 심장의 리듬에 영구한 손상을 입히기도 합니다. 정신적 스트레스를 한 인간이 감당할 수 있는 수준으로 적절히 조절하는 사회적·제도적 장치를 더하는 것은, 심장병에 대한 다양한 의학적 발전만큼이나 모두의 심장을 건강하게 유지시키는 데 필수적입니다.

나의 심장에서 너의 몸으로

고대 이집트인들은 미라를 만들 때, 사후 세계에서 꼭 필요하다고 생각하는 장기는 카노푸스의 단지Canopic jars라 불리는 항아리에 따로 보관했습니다. 보통 미라 한 구당 카노푸스의 단지 네 개가 사용되었는데 각각 위, 간, 폐, 창자를 담아두기 위해서였지요. 하지만 단 하나, 심장만큼은 꺼내지 않고 그대로 몸속에 둔 채 미라를 만들었습니다. 생전의 악업이 심장에 모두 쌓이기에, 사후 세계에 들기 전 그 몸의 주인이 지은 죄를 엄중한 심판관에게 고해바치는 역할을 심장이 담당한다고 여겼기 때문이죠.

비단 이집트인들만이 아닙니다. 아주 오랫동안 대부분의 문화권에서 심장은 가장 중요한 장기로 인식되어왔고, 종종 간이나 뇌 같은 다른 장기에 그 중요성이 밀리더라도 최소한 쿵쿵 뛰는 심장의 박동만큼은 생과 사의 여부를 가르는 중요한 기준이 되어온 것 또한 사실입니다. 그래서 심장의 질환이나 이상은 곧 죽음과 동의어처럼 받아들여지기도 했습니다. 심장이 비정상적으로 박동해 제대로 피를 뿜어내지 못하면, 우리 몸의 모든 조직은 산소와 영양분을 충분히 공급받지 못해 서서히 죽어갑니다. 하지만 문제가 있는 심장을 수술하려면 박동을 아예 멈춰야 하는데, 우리의 뇌는 혈류를 공급받지 못하면 단 5분을 넘기지 못하고 영구적으로 손상되어버리며 시간차는 있어도 신체의 다른 부위 또한 마찬가지입니다. 만약 심장을 대신해 온몸에 피를 돌게 할 방법이 있다면 얼마나 좋을까요?

첫 시도는 자연의 방식을 모방하는 데서 시작했습니다. 미국의 외과의사 클래런스 월턴 릴러하이Clarence Walton Lillehei는 인간을 비롯한 포유류의 임신 과정 시 일어나는 혈액순환 방식에 주목했습니다. 태아는 물로 된 양수에 둘러싸여 자랍니다. 폐호흡을 통해 산소를 공급받을 수 없는 환경에 놓여 있지만 태아가 양수에 의해 질식하는 일은 없습니다. 엄마가 폐에서 받아들인 산소를 탯줄로 전달받고, 세포호흡을 통해 만들어진 이산화탄소는 다시 엄마의 혈액으로 내보내며 살아가니까요. 정리하자면 태아에게도 심장이 있고 심장이 쿵쿵 뛰면서 혈액을 자신의 온몸으로 밀어내고 있지만, 그 혈액 속에 든 산소와 영양분은 스스로 호흡하거나 섭취한 것이 아니라 엄마의 순환계를 통해 받아들인 것입니다. 즉 엄마의 심장은 자신의 신체뿐 아니라, 그 안에 자리 잡은 또 다른 심장을 가진 태아의 몸 전체까지 책임지고 있는 것이죠.

그렇다면 혈관계만 적절히 이어준다면, 하나의 심장이 자신의 몸뿐만 아니라 또 다른 몸의 혈액순환까지 감당할 수도 있지 않을까요? 이는 조절 교차 순환controlled cross-circulation이라는 개념으로, 릴러하이는 먼저 개에게서 가능성을 타진해 봅니다. 개 두 마리를 마취시키고 서로 피가 통하도록 둘의 혈관을 연결시킨 뒤, 한쪽 개의 심장 주변 혈관들을 묶어서 심장이 피를 뿜어내지 못하게 한 채 결과를 관찰한 것이죠. 초기 몇 번은 실패했지만, 결국 그는 이 실험을 통해 개 두 마리의 혈관계를 이었을 때 한쪽 심장만 박동하더라도 두 마리 모두 혈액순환이 가능함을 증명해냅니다. 이제 남은 건, 사람에게도 이런 시도가 통할지의 여부였지요.

조절 교차 순환 기법이 처음 사람에게 적용된 것은 1954년 3월이었습니다. 심실중격결손증ventricular septal defect*으로 심부전 증세를 보이는 갓 돌 지난 남자 아기였지요. 심장 수술이 진행되는 동안, 아기의 혈액순환을 책임질 이는 아버지였습니다. 릴러하이는 수백 마리의 개를 대상으로 실험한 방법을 아기와 아버지에게 그대로 적용했습니다. 이 아기는 엄마의 심장과 아빠의 심장에서 (문자 그대로) 모두 피를 받은 아기가 되었지요. 수술 자체는 성공했습니다. 아빠의 심장이 아기의 몸에 혈액을 순환시키는 동안, 릴러하이는 아기의 심장에 생긴 구멍을 완전히 메꿀 수 있었으니까요. 하지만 아기는 2주 뒤 수술 합병증으로 폐렴에 걸려 세상을 떠나고 맙니다.

비록 절반의 성공이었지만 가능성은 여전히 남아 있었기에 이 기법은 이후 몇 년간 45명의 환자에게 시도되었고, 이 중 28명은 덕분에 더 긴 삶을 이어갈 수 있게 되었지요. 그럼에도 불구하고 순환계를 잇는 방식이 계속 시도되는 건 무리였

* 선천성 심장 질환 중 하나로, 원래는 막혀 있어야 하는 우심실과 좌심실 사이의 벽에 구멍이 난 상태를 의미한다. 선천성 심장 질환 중 가장 많은 유형(20~30퍼센트)으로 구멍의 크기가 작은 경우에는 성장하면서 저절로 막히지만, 그렇지 않은 경우에는 수술이 필요하다. 현재 심실중격결손증을 교정하는 수술의 성공률은 100퍼센트에 가깝지만, 인공심폐기가 개발되기 전에는 이로 인한 심부전이나 폐동맥 고혈압으로 고통받다가 사망하는 경우가 매우 많았다.

습니다. 너무 위험했거든요. 이 방식의 의의는 반드시 자신의 심장이 아니더라도, 혈액순환만 제대로 이루어진다면 환자의 생존과 회복이 가능하다는 사실입니다. 이제, 살아 있는 사람의 심장 역할을 대신해줄 인공심폐기의 개발에 더욱 박차를 가하기 시작합니다.

심장을 완전히 대체할 때까지

사실 인공심폐기는 이미 1953년 미국의 외과의사 존 기번John Gibbon에 의해 시도된 바 있습니다. 환자의 정맥에 튜브를 연결해 혈액을 빼낸 뒤 산소 가득한 실린더로 흘려보내 산소를 머금게 한 다음, 이를 다시 환자의 동맥에 펌프를 통해 주입하는 방법이었지요. 하지만 보통 혈액은 혈관이 아닌 플라스틱이나 금속 성분과 접하게 되면 굳어서 혈전이 생기기 마련이라, 이를 막는 혈전 방지제의 역할이 매우 중요했습니다.

처음 개발된 인공심폐기는 무게가 1톤이나 되는 거대한 기계였고, 혈전이 만들어지는 것을 통제하기 어려워 수술의 심각한 부작용 중 하나인 폐동맥 색전증으로 사망하는 이들도 적지 않았습니다. 그렇지만 사람을 보조 심장으로 사용하는 릴러하이의 방식보다는 기계 펌프를 이용한 기번의 방식이 더 대세로 자리 잡습니다. 사람을 보조 심장으로 사용하면 두 명분의 목숨을 담보로 해야 하니 아무래도 위험부담이 클 수밖에 없지요. 이에 따라 인공심폐기 역시 개량과 발전을 거듭해 현재는 심장 수술을 위한 가장 기본적인 보조 장치로 자리 잡았습니다. 오늘날 전 세계적으로 해마다 100만 건 이상의 심장 수술이 행해지고, 심장 수술 환자의 사망률을 극적으로 떨어뜨릴 수 있었던 것은 모두 인공심폐기의 개발에 바탕을 두고 있습니다.

하지만 인공심폐기는 어디까지나 심장 수술을 위한 일시적인 보조 장치일 뿐, 심장 자체의 기능을 대신하는 제2의 심장이라고 하기에는 무리가 따릅니다. 현실적으로 회복 불가능한 심장병을 지닌 이들에게 효과적인 방식은 심장이식(현재 심장이식 환자의 3년 생존율은 90퍼센트를 넘습니다)이지만, 이식할 심장을 구하는 것이 가장 큰 난제입니다. 심장은 누구에게나 단 하나밖에 없고 심장 없이 살아갈 수 있는 사람은 없기에, 심장이식은 누군가가 죽어야만 내가 살 수 있다는 생명 교환의 일대일 법칙에서 벗어나지 못한다는 근본적 한계를 지니니까요. 그래서 연구 중인 분야가 바로 인공 심장입니다.

조금씩 몸을 바꾸며 살아갑니다

인공 심장 자빅-7

인공 심장에 대한 연구는 이미 1950년대부터 시작되었습니다. 수많은 시행착오를 거쳐 1981년 미국 유타 대학교 연구팀에 의해 인공 심장 자빅-7Jarvik-7을 단 송아지가 총 221일을 생존하는 데 성공*하면서, 인공 심장의 현실화 가능성이 제기되었죠. 1982년, 최초로 인공 심장을 이식받은 바니 클라크Barney Clark는 112일을 더 살았고, 두번째로 이식받은 빌 슈로더Bill Schroeder는 620일을 더 살았습니다. 하지만 자빅-7을 제

* T. Mochizuki et al., "A seven-month survival of a calf with an artificial heart designed for human use," *Artif Organs* 5(2), 1981, pp. 125~131.

대로 구동하기 위해서는 무게가 170킬로그램에 달하는 커다란 펌프 장치가 필요했습니다. 따라서 환자는 인공 심장을 달고 사는 게 아니라 인공 심장에 매달린 상태로, 연결선이 허용하는 범위 내에서만 지낼 수 있었습니다.

정말로 '심장'처럼 몸 안에 넣은 상태로 이동 가능한 최초의 인공 심장이 등장한 것은 2001년의 일입니다. 이후 전 세계 연구진에 의해 10여 종의 각기 다른 인공 심장이 개발되었습니다. 최근에는 의료용 실리콘을 3D 프린터로 찍어내 환자의 원래 심장과 크기, 모양이 비슷하고 물성 또한 말랑말랑한 인공 심장을 개발하는 연구도 진행되고 있습니다.

아직까지 인공 심장이 심장의 완전한 대체품이라 보기는 어렵습니다. 여전히 생체 조직이 아닌 외부 물질과 혈액이 섞이면서 생기는 혈전 문제 없이, 평생토록 25억 번 이상 박동 가능한 강한 내구성을 지닌 인공 심장은 개발되지 못했으니까요. 현재 인공 심장의 주요 역할은, 이식 가능한 생체 심장을 구할 때까지 심장의 기능을 대신하는 한시적 대체품입니다. 미국의 전前 부통령 딕 체니Dick Cheney도 심장병으로 20개월간 인공 심장을 달았다가 심장이식을 받은 경험이 있지요. 그러나 최근 들어 성능이 개선됨에 따라 인공 심장을 달고도 4년 이상 생존하는 사람들이 나타나면서, 인공 심장의 생존

한계 기간은 계속해서 늘어나는 추세입니다. 앞으로 그 한계 기간이 개개인에게 주어진 삶의 마지막 순간까지 이어지기를 간절히 바라봅니다.

3장

새로운 피가
흘러내리다

———

혈액

피를 바꾸면 성격도 달라질까

1667년 어느 날, 프랑스 의사 장-바티스트 드니Jean-Baptiste Denis는 다소 위험한 시술을 시도합니다. 그가 한 일은 의학적으로도 위험했을 뿐 아니라, 자칫 인간 고유의 존엄성 마저 위협하는 것이었습니다. 바로 어린 송아지에게 뽑아낸 피를 한 사람의 혈관에 주입한 것이죠. 당시는 의학 체계가 지금에 비해 더없이 미숙했고, 학문적 영역이 아닌 주술이나 미신에 가까운 방법도 거리낌 없이 행해지던 시절이었습니다. 그중에서도 가장 유명했던 것이 4체액설*이었습니다. 특히나 피에는 생명체의 특성이 담겨 있을 거라고 믿어 의심치 않았

---

* 그리스의 자연철학자 엠페도클레스가 주장한 4원소설(흙, 물, 불, 공기)에 기원한 관점. 인체 역시 피, 점액, 황담즙, 흑담즙의 네 가지 체액의 균형을 통해 유지되며, 질병이 생기는 것은 이들 체액의 균형이 깨진 것이 원인이라고 보았다. 따라서 질병을 치료하기 위해서는 모자라는 체액을 보충하거나 넘치는 체액을 제거해야 한다고 주장했다.

습니다.

송아지에게서 수혈받은 이는 매우 폭력적인 정신병을 앓고 있었습니다. 정신병에 대한 이해가 극히 낮았던 당시에는 그의 폭력성을 완화시키는 데 아주 순하고 얌전한 송아지의 피를 넣어주는 것이 도움이 될지도 모른다고 생각했던 거죠. 그러나 터무니없다고 여기는 현대인의 예상과는 달리, 당시 이 시도는 '성공'을 거뒀다고 여겨졌습니다. 송아지의 피를 주입받은 이가 기대대로 얌전해졌기 때문입니다.

사실 그건 송아지의 '순한' 피가 그의 '난폭한' 피의 성정을 중화시킨 결과가 아니라, 수혈 부작용으로 심하게 앓느라 난동 부릴 기운조차 남아 있지 않아서였을 겁니다. 어쨌든 그는 살아남았고 난동 부리는 일은 줄어들었습니다. 하지만 그는 정말 운이 좋은 케이스였죠. 이후 진행되었던 여러 건의 수혈 시도는 동물 대 사람이건, 사람 대 사람이건 너무나 많은 희생자를 발생시키는 바람에 수혈은 곧 의료계에서 완전히 금기시되기에 이릅니다. 사람들은 생각했지요. 역시나 피는 사람마다 달라서 섞이기 어렵다고 말이죠.

조금씩 몸을 바꾸며 살아갑니다

근대적 수혈의 시작

수혈이 본격적인 의료 행위가 될 수 있었던 계기는 오스트리아의 병리학자 카를 란트슈타이너Karl Landsteiner의 공이 절대적이었습니다. 1901년 란트슈타이너는 여러 사람으로부터 채혈한 피를 이리저리 섞어보던 중, 어떤 경우에는 피들이 서로 반응해 적혈구가 모조리 터져버리거나 엉겨 붙지만, 다른 경우에는 원래 한 사람의 피였던 듯 자연스레 섞이는 현상을 발견합니다. 그는 이 현상을 통해 피에도 종류가 있는 건 아닌지, 같은 종류끼리는 잘 섞이지만 다른 종류라면 섞이지 않는 건 아닌지에 대한 의문을 품게 됩니다. 그리고 이 가설을 증명해, 피에도 종류가 있다는 것을 알아내지요.

그가 발견한 것이 지금 우리에게도 익숙한 ABO식 혈액형 구분법입니다(란트슈타이너는 비슷한 방법으로 1940년에 Rh식 혈액형도 발견합니다). ABO식 혈액형이 나뉘는 기준은 적혈구에 붙은 당단백질의 종류에 있습니다. 이 당단백질은 A형과 B형 두 가지가 있고, 적혈구는 당단백질을 최대 두 개까지 가질 수 있지요. 그래서 A를 하나 혹은 둘을 가지면 A형, B를 가지면 B형, A와 B를 하나씩 가지면 AB형, 하나도 가지고 있지 않으면 O형입니다. 이때 O형이란 제로(0)의 의미로 쓰인 것이죠.

©Wikimedia Commons

카를 란트슈타이너. 오스트리아의 병리학자로 ABO식 혈액형 구분법을 발견했다.
란트슈타이너의 발견 덕분에 수혈의 대중화가 이루어졌다.

란트슈타이너의 발견 덕분에 수혈 전 먼저 혈액 공여자와
대상자의 혈액형을 검사하고, 이들의 혈액이 수혈 부작용을
일으키는 관계인지 아닌지를 확인해보는 것만으로도 부작용
을 대폭 줄이는 한편, 과다 출혈로 목숨을 잃는 이들을 구해낼
수 있게 되었습니다. 하지만 혈액형을 발견해 수혈의 안전성
이 증대되었음에도 불구하고, 수혈 기법은 의료 현장에서 널
리 쓰이지 못합니다. 피가 지닌 독특한 성질인 응고성 때문이
지요. 혈액이 공기 중에 노출되면, 혈소판이 산소와 반응해 터

조금씩 몸을 바꾸며 살아갑니다

지면서 발생하는 효소에 의해 혈액 속 단백질인 피브린fibrin 등이 엉겨 붙어 뭉치면서 굳어버리거든요. 작은 상처라면 몇 분 내에 피가 멈추고 피딱지가 앉는 것을 보았을 거예요. 이런 혈액응고 현상은 상처의 출혈을 막는 데는 효과적이지만, 수혈에는 부정적입니다. 기껏 피를 구해도 굳어서 넣어줄 수가 없으니까요. 그래서 20세기 초까지만 해도, 수혈이 필요한 환자와 공여자의 혈관을 직접 연결해서 피를 주입하는 '직접 수혈' 방식으로만 피를 나눠줄 수 있었습니다.

대개 수혈이 필요한 환자들은 과다 출혈로 인해 촌각을 다투는 응급 상황일 때가 많습니다. 그런데 같은 혈액형을 가진 공여자가 시간에 딱 맞춰 대기하고 있으리라는 보장도 없고, 설사 제시간에 공여자를 구해 수혈을 시작하더라도 피가 얼마나 유입되었는지 체크하기가 어려워서 자칫 공여자에게 위험할 정도로 피를 많이 뽑는 일도 종종 있었습니다. 아무리 사람을 살리는 일이라지만, 공여자에게 목숨 걸고 헌혈하라고는 할 수 없는 노릇이니 이 방법이 널리 사용되긴 어려웠습니다.

그래서 본격적인 수혈은 1910년대 항응고제의 일종인 시트르산염citrate이 개발되어, 미리 뽑아둔 피를 응고되지 않게 보관할 수 있게 된 뒤에야 활발하게 이루어질 수 있었습니다. 이를 바탕으로 1936년 미국 시카고에 세계 최초의 혈액은행이 창설됩니다. 이후 제2차 세계대전을 치르는 동안 수혈 팩의 보급이 병사들의 사망률을 낮추는 데 결정적인 역할을 한다는 것이 알려지면서, 헌혈과 혈액은행은 생명을 살리는 고귀한 나눔의 상징으로 자리 잡게 됩니다.

피가 부족해!

대한적십자사 혈액관리본부에서 운영하는 홈페이지에 들어가면, '오늘의 혈액정보'라는 메뉴에 매일매일 그날의 혈액 보유 현황이 공지됩니다. 이 글을 쓰고 있는 2024년 5월 29일 현재, 혈액 보유량은 O형 7일분, A형 8.2일분, B형 11.1일분, AB형 8.3일분입니다. 보통 혈액 비축량이 5일분 이상이면 큰 문제가 없다고 보기에 지금은 적절한 수준이지만 항상 그런 것만은 아닙니다. 한때는 O형 혈액 비축량이 1.8일분까지 떨어져 의료진을 바짝 긴장하게 만들기도 했지요. 게다가 헌혈의 주요 대상인 젊은 층의 인구 비율이 점점 줄어들고 있어서 앞으로의 수급 가능성도 불투명한 것이 현실입니다.

이는 비단 우리나라만의 현상이 아닙니다. 2019년 미국 워

적혈구제제 보유 현황   2024.5.28 기준/단위: Unit

구분	합계	O형	A형	B형	AB형
1일 소요량	5,082	1,437	1,734	1,341	570
현재 혈액 보유량	43,924	10,042	14.245	14,891	4,746
보유상태	8.6일분	7.0일분	8.2일분	11.1일분	8.3일분

적정 혈액 보유량은 일평균 5일분 이상입니다.

싱턴 대학교 연구팀의 발표에 따르면,* 2017년 기준 전 세계 195개국 중 무려 119개국에서 혈액 수급이 부족한 것으로 나타났습니다. 대개 수혈이 필요한 경우는 과다 출혈로 인해 생사가 분초 단위로 오락가락할 때가 많기에, 수혈용 혈액의 부족은 살릴 수 있는 수많은 생명을 눈앞에서 놓치는 안타까운 결과로 이어질 수 있습니다.

피가 하는 다양한 일

인체 내에서 피는 매우 다양한 역할을 합니다. 피는 독립된 세포로 구성된 혈구(적혈구, 백혈구, 혈소판)들이 액체

* Nicholas Roberts et al., "The global need and availability of blood products: a modelling study," *The Lancet Haematology* 6(12), 2019.

성분인 혈장에 섞여 있는 상태입니다. 혈액 속 혈구와 혈장의 비율은 대개 45대55의 비율을 유지하지요. 적혈구는 산소를 운반하고, 백혈구는 면역반응을 담당하며, 혈소판은 혈액응고 기능을 맡고 있습니다. 혈장은 이들 혈구가 혈관을 타고 원활하게 흘러 다니게 하는 동시에 다양한 단백질과 무기질, 영양분, 호르몬 등을 녹여서 이동시키는 역할도 합니다. 피를 구성하는 여러 성분 중 가장 먼저 인공적 합성이 유도된 것은 적혈구입니다. 대개 과다 출혈이 원인이 되어 사망하는 경우, 가장 큰 이유가 적혈구 부족이거든요.

적혈구는 우리 몸에서 가장 많은 수를 차지하는 세포입니다. 성인 남성 기준으로 혈액 1마이크로리터(μl)에는 적혈구가 500만 개쯤 들어 있는데, 성인의 평균 혈액량인 5리터를 기준으로 계산하면 한 사람이 보유한 적혈구의 수는 25조에 이른다는 결론이 나옵니다. 성인의 몸 전체 세포 수가 약 37조 정도이니, 적혈구 한 종이 전체 세포 수의 3분의 2가량을 차지하는 셈입니다. 이렇게 적혈구의 수가 많은 것은, 그들이 하는 일이 산소 운반이기 때문입니다.

우리 몸의 모든 세포는 포도당을 다양한 생화학적 경로로 분해하여 세포 내 에너지원인 아데노신삼인산ATP을 얻어내 살아갑니다. ATP를 자동차 연료라고 한다면, 포도당은 이 연료를 담아놓은 상자입니다. 그런데 이 포도당 상자는 매우 단단해서 상자를 열기 위해서는 망치가 필요한데, 망치 역할을 하는 것이 바로 산소이지요. 산소가 없으면 포도당이 아무리 많아도 우리 몸의 세포는 ATP를 아주 소량밖에 추출할 수 없고, 게다가 포도당 상자에서 꺼낸 ATP를 바로 사용하지 않으면 다른 물질로 바뀌기에 모든 세포들은 필요할 때마다 그때그때 포도당을 깨서 ATP를 꺼내 써야 합니다. 그래서 우리 몸은 끊임없이 산소를 필요로 하고, 그 산소를 운반하는 데 필요한 적혈구가 그토록 많은 것이죠. 이에 따라 현재 연구되고 있는 인공 혈액 분야의 가장 큰 갈래는 적혈구 대용 제제red blood cell substitute입니다.

물속에서 숨 쉬는 쥐

우리가 물에 빠졌을 때 몇 분을 버티지 못하고 익사하는 것은 물 자체 때문이 아니라, 물에 든 산소의 양이 적어서입니다. 실제로 우리는 모두 태아 시절 양수라는 일종의 액체 속에서 살아낸 경험이 있기에, 물속에서 사는 것이(물론 깨끗한 물이어야 합니다. 물이 더러우면 폐렴에 걸릴 수 있습니다) 아예 불가능하지는 않습니다. 게다가 지금도 수많은 물고

물처럼 생긴 투명한 액체 속에 폭 잠긴 쥐는 익사하지 않고 호흡하는 데 성공했다.

기가 물속에서 아무 문제 없이 산소호흡을 하며 살아가니까요. 하지만 물고기의 아가미와는 달리, 사람의 폐는 물속에 녹아 있는 적은 양의 용존산소를 추출하기에는 기능이 떨어집니다. 물속에 든 적은 양의 산소를 추출하는 데 인간의 폐가 적합하지 않다는 것이 익사의 원인인 셈입니다.

그런데 여기, 이상한 생각을 떠올린 사람이 있습니다. 물이 아니라 산소의 양이 문제라면, 산소가 대기 중(약 21퍼센트)과 비슷한 농도로 물 혹은 액체에 존재한다면 그 속에서 숨을 쉬는 것도 가능하지 않을까요? 그들이 찾아낸 물질이 바로 과불화탄소의 일종인 퍼플루오로데칼린perfluorodecalin입니다.

퍼플루오로데칼린의 산소 용해도는 매우 높아서, 최대 45퍼센트까지 산소를 녹일 수 있는 액체입니다. 이에 과학자들은 비커 가득 높은 농도의 산소를 포함한 퍼플루오로데칼린을 넣고 (불쌍한) 실험 쥐를 여기에 빠뜨렸습니다. 결과는 어땠을까요? 물처럼 생긴 투명한 액체 속에 푹 잠긴 쥐는 익사하지 않고 호흡하는 데 성공했습니다. 다시 말해, 문제는 액체가 아니라 산소였던 거죠.

다시 과다 출혈 문제로 돌아와볼까요? 과다 출혈이 위험한 1차적 이유가 산소 부족이라면, 산소를 가득 담은 액체인 퍼플루오로데칼린이 혈액의 역할을 대신할 수 있지 않을까요? 이렇게 인공 혈액을 만드는 시도는 화학적 접근에서부터 시작됩니다. 퍼플루오로데칼린을 중심으로 한 과불화탄소 계열의 인공 혈액은 이후 시험적으로 조산아의 호흡 보전 등에 시도되었으나, 혈액을 대체하기에는 무리가 있었습니다. 가장 큰 문제는, 과불화탄소류의 화학물질들은 물에 섞이지 않아 원래 물이 상당량을 차지하는 혈액의 다른 구성 성분들과 어우러지기 어려운 데다, 혈관을 자극해 혈압을 지나치게 높이는 문제를 발생시키기 때문이죠. 그러니 이들을 효과적인 혈액 대체재로 보기는 어려웠습니다.

헤모글로빈 분자 구조

인공 혈액을 향한 발걸음

산소 운반 능력이 중요하다면, 꼭 살아 있는 적혈구 전체를 만들 필요는 없습니다. 그래서 학자들은 헤모글로빈에 주목합니다. 헤모글로빈은 적혈구에서 산소를 붙잡아 운반하는 데 중요한 역할을 하는 단백질입니다. 헤모글로빈의 분자식은 $C_{3032}H_{4816}O_{872}N_{780}S_8Fe_4$인데, 이 중 가장 마지막에 붙어 있는 네 개의 철Fe 원자가 중요합니다. 철 원자 한 개마다 산소 분자O_2 하나가 결합할 수 있고, 적혈구 한 개당 헤모글로빈 분자는 약 2억 8천만 개쯤 들어 있으므로 적혈구 한 개는 무려 10억 개가 넘는 산소 분자를 운반하는 셈이거든요. 철이 산소와 결합하면 산화철이 되어 색이 붉어집니다. 적혈구가 붉은 이유, 나아가 피가 붉은 이유도 바로 이 때문이죠.

참고로 산소와 결합하는 운반체로 사용되는 물질은 생물종에 따라 다를 수 있으며, 이 물질에 따라 피의 색 또한 달라집니다. 산소 운반체가 구리를 함유한 헤모시아닌이라면 평소에는 무색투명하나 산소와 결합할 경우 산화구리의 색인 파란색이 되며, 클로로크루오린이나 빌리베르딘이라면 초록색을, 헤메리트린이라면 보라색을 띠게 되지요.

어쨌든 헤모글로빈은 적혈구가 지닌 산소 운반 능력의 핵심 단백질입니다. 꼭 적혈구 전체가 아니더라도, 헤모글로빈만 있어도 산소 운반 자체는 가능합니다. 그래서 적혈구를 대체할 목적으로 헤모글로빈 기반의 산소 운반체Hemoglobin-based Oxygen Carriers, HBOC가 고안되었지요. HBOC는 여러 장점이 있습니다. 사람의 혈액은 반드시 사람에게서 채취해야 하기 때문에 개인의 선의에 기댈 수밖에 없습니다. 그렇기에 수급량이 일정하지 못하고, 혈액형 타입에 따라 수혈이 제한될 수 있으며, 보관 시에도 반드시 냉장 시설이 필요한 데다 아무리 보관을 잘해도 3~6주를 넘기지 못하는 등의 여러 단점이 있습니다. 그러나 HBOC는 인공적으로 합성하여 대량 제조가 가능하니 안정적으로 수급할 수 있으며, 혈액형과 상관없이 누구에게나 투입 가능하고, 실온에 두어도 1년 이상 보관이 용이합니다. 그래서 여러 생명공학 회사들이 다양한 종류의 HBOC를 개발했고, 일부는 FDA의 임상 시험 허가도 얻었습니다.

하지만 HBOC는 아직 실제 의료 현장에서 널리 사용되지는 못하고 있습니다. 바로 헤모글로빈 분자가 지니는 혈관 수축 작용 때문입니다. 원래 헤모글로빈은 적혈구 속에 존재하기에 이 혈관 수축 작용이 크게 눈에 띄지 않지만, HBOC는 헤모글로빈 자체를 투입하는 것이라 혈관 수축 작용을 두드러지게 일으킬 수 있습니다. 아무리 혈액 속 산소가 풍부하다 해도 혈관이 좁아져 제때제때 조직으로 원활히 운반할 수 없다면, 그 자체로 문제가 될 수밖에 없지요. 그래서 최근에는 헤모글로빈을 일종의 생체막으로 감싸 혈관과의 직접 노출을 피하는 방법 등 보다 개선된 HBOC가 개발되고 있으나, 군사용으로만 일부 도입되었을 뿐 아직 상용화되지 못한 실정입니다.

이처럼 HBOC 제제는 적혈구의 역할을 일부 대신할 수는 있지만, 여전히 인공 혈액이라 부르기엔 부족합니다. 혈액은 산소 운반 외에도 이산화탄소 제거, 영양분 운반, 면역 물질의 이동 등 하는 일이 많으니까요. 따라서 사람들이 관심을 갖게 된 것이 줄기세포를 이용한 혈구 세포의 분화입니다. 엉덩뼈나 넙다리뼈처럼 커다란 뼈 안쪽에 위치하는 골수(뼈속질)에는 조혈모세포가 있어서 적혈구와 백혈구, 혈소판 등의 혈구 세포를 끊임없이 생성해냅니다. 조혈모세포의 혈구 형성 능력은 매우 뛰어나기에 사람의 몸에서는 시간당 100억 개에 달하는 적혈구가 새로 만들어집니다(동시에 그 숫자만큼의 적혈구가 비장에서 파괴되고 재흡수되지요).

만약 조혈모세포를 통해 혈구를 실험실에서 만들 수 있다면, 그리고 이렇게 만들어진 혈구 세포들을 (수분과 단백질 등을 섞어 만든) 인공 혈장에 섞어준다면 거의 완벽한 혈액이 됩니다. 게다가 이들은 화학적 제제가 아니라 우리 몸이 생성해내는 생물학적 제제를 그대로 재현한 것이기에, 기능만 대신하는 대체 혈액이 아닌 완벽한 인공 혈액이라 부를 수 있을 겁니다.

하지만 20세기 후반부터 시도되어온 이 기술은 여전히 체외에서 조혈모세포의 활성을 조절하기 어렵고, 적혈구로서 제 기능을 하지 못하는 적혈모구erythroblast*들이 대량 생성되

---

* 대한의사협회 의학용어위원회 6판 기준(term.kma.org/index.asp)

는 등의 문제가 발생해 아직은 현실화되지 못하고 있습니다. 2017년 『네이처』지에 실린 「기증자 없는 바이오엔지니어링 Bioengineering: doing without donors」이라는 글*은 우리에겐 아직 혈액은행이 필요하고, 당분간 이런 추세는 계속될 것이라고 말하고 있습니다. 그러니 헌혈은 여전히 생명을 나누는 고귀한 행동이 될 것입니다. 그럼에도 유도 만능 줄기세포IPS cell를 이용한 혈구 세포의 배양에 대해서는 포기하지 않고 연구가 진행되고 있습니다. 단 한 생명이라도 피가 모자라 안타까운 죽음을 맞이하는 일이 없을 때까지 이런 노력은 멈추지 않고 이어질 것입니다.

* Elie Dolgin, *Nature* 549, 2017, S12~S15.

4장

우리 몸의 가장
놀라운 도구

—

손

'몸 밖에 있는 뇌'

바쁜 일이 밀려들 때는 손이 부족하기 마련입니다. 그래서 누구든 손이 빈 사람을 찾아 그 손을 빌려야 하는 경우가 생기죠. 이왕이면 손이 빠르고 손끝이 야무진 이가 좋겠지요. 아무리 어려운 일이라도 손을 보태는 이들이 많아지면 결국은 이루어낼 수 있습니다.

손은 참 신기합니다. 몸 전체 면적에서 손이 차지하는 비율은 2퍼센트 남짓하지만,[*] 하는 일은 매우 많습니다. 특히 손은 인간이 '일'을 할 때 가장 많은 역할을 하기 때문에 '일하는 사람=손'이라는 의미로 쓰이기도 합니다. 심지어 손에는 인간의 정체성이 담겨 있습니다. 다양한 손 전문가들의 글을 모은 책

[*] 이주영·최정화, 「알지네이트를 이용한 체표면적 측정 방법과 삼차원 스캐닝에 의한 체표면적 측정 방법의 비교」, 『한국의류학회지』 29(11), 2005, 1507~1519쪽.

대뇌겉질의 감각 영역(좌)과 운동 영역(우)의 각 신체 분위별 분포 정도를
환산해 표현한 호문쿨루스 모델. 인간의 대뇌에서 감각과 운동을 담당하는
신경의 상당수가 두 손에 집중되어 있음을 알 수 있다.

『손의 비밀』*의 저자들은 모두 '손이란 시각적으로 보이는 뇌
의 일부'라고 말합니다. 뇌가 생각하고 추론하고 상상한 모든
것을 현실로 구현해내는 일이 오로지 손에 달려 있기 때문입
니다. 실제로 우리 대뇌겉질의 감각과 운동 영역은 상당 부분
을 손에 할애합니다. 이들을 삼차원적으로 표현한 호문쿨루
스 모델의 양손이 유난히 큰 것도 이 때문이지요.

　이처럼 손은 인간의 정체성을 담보하는 기관이기에 사고나

　　＊　E. F. 쇼 윌기스 엮음, 『손의 비밀』, 오공훈 옮김, 정한책방, 2015.

조금씩 몸을 바꾸며 살아갑니다

질병으로 손을 잃거나 기능을 상실하는 경우, 생물학적인 생존에는 지장이 없다손 치더라도 세상을 이해하고 창조하는 기능에 영향을 받을 수밖에 없습니다.

손을 손으로 잇다

애니메이션으로도 만들어진 일본 만화 『기생수』에서, 인간의 뇌를 먹고 신체를 지배하는 미지의 기생 생명체는 주인공 신이치의 몸속으로 들어갔다가 뇌를 먹는 데는 실패하고 오른손만을 대치하는 존재가 됩니다. 이후 신이치는 이 기생 생명체에게 '오른쪽이'라는 이름을 붙여주고 기묘한 동거를 시작하지요. 이처럼 뜻밖의 사고나 질병으로 인해 잘린 손을 원래의 것 혹은 그와 비슷한 다른 것으로 이어 붙여 기능을 복원하고자 하는 상상은 낯설지 않습니다. 하지만 몸에서 분리된 신체를 다시 붙일 수 있다는 가능성이 현실화된 건 1962년에 이르러서입니다. 미국의 의사 로널드 몰트와 찰스 매칸은 사고로 절단된 열두 살 남자아이의 팔을 세계 최초로 미세수술을 통해 접합시키는 데 성공했습니다.*

---

* Ronald A. Malt & Charles F. McKhann, "The classic replantation of severed arms," *Journal of the American Medical Association* 189:716, 1964.

손과 그에 이어진 팔은 단일한 조직이 아니라 뼈와 근육, 혈관, 신경 등이 다양하게 얽혀 있는 복합적 조직입니다. 그중에서도 절단된 신체 부위를 다시 재접합할 때 가장 중요한 점은 혈관을 이어주는 것입니다. 우리 몸의 모든 조직은 혈액을 통해 산소와 영양분을 공급받기에, 혈류가 제대로 흐르지 못한다면 아무리 감쪽같이 붙여놓더라도 결국은 괴사할 수밖에 없습니다. 따라서 혈관을 이어 혈류가 잘 흐르도록 하는 것은 신체 재접합술에서 넘어야 할 첫번째 난관이었지요.

접합술에 대한 시각적 이미지는 다음 링크에 들어가면 볼 수 있습니다. 1960년대에 현미경을 이용한 미세 접합술이 개발되면서, 신체에서 분리된 조직들이 괴사하기 전에 이를 다시 원래의 자리에 접합하는 것이 가능해졌습니다. 이후 이 분야는 비약적으로 발전해 부족한 혈관을 대치할 정맥 이식술, 인공 혈관 이식술 등이 개발되었으며, 인공 피부나 인공 관절을 이식하여 접합과 재건을 모두 시도하기도 합니다(www.assh.org 참조).

재접합 수술의 발전은 불행한 사고를 겪은 많은 이들에게 도움이 되었습니다. 하지만 여전히 수술이 어려운 경우도 있습니다. 이에 불가역적 손상으로 팔 혹은 손을 잃은 이들에게 새로운 손을 이식하려는 사람들이 생겨났지요. 1998년 프랑

조금씩 몸을 바꾸며 살아갑니다

스의 장-미셸 뒤베르나르Jean-Michel Dubernard 박사 팀은 양팔을 팔꿈치 아래부터 잃은 이에게 타인에게서 기증받은 팔과 손을 이식해 성공을 거둔 바 있습니다.

손을 기술로 잇다

타인의 팔을 이식받는 것은 획기적인 시도였지만, 보편적인 방식으로 자리 잡기는 어려웠습니다. 기증자를 찾기도 어려울뿐더러 여타의 장기이식과 마찬가지로 면역학적 적합성 여부라는 근본적인 문제가 여전히 남아 있기 때문이지요. 따라서 주로 쓰인 방식은 일종의 보장구를 이용하는 것이었습니다. 미국 드라마「왕좌의 게임」에 등장하는 라니스터 가문의 후계자 제이미의 황금 손처럼 말이죠.

하지만 근대 이전의 의수는 기능적 효용보다는 잃어버린 신체의 빈 곳을 채워 넣는 미용적 의미가 더 강했습니다. 손의 모습을 그대로 본떠 만들 수는 있어도 기능을 되살리지는 못했기 때문이지요. 그러다 2000년대 들어 상지(팔)에 남아 있는 근육의 신호를 변환해 작동하는 근전기 보장구, 일명 스마트 의수가 등장하면서 손의 기능을 대신하는 새로운 가능성이 열립니다.

손의 가장 기본 기능은 물건을 잡거나 쥐는 것입니다. 그러기 위해서는 엄지손가락과 다른 손가락들이 서로 반대 방향으로 힘을 주어야 하며, 손목의 각도를 조절할 수 있어야 합니다. 다시 말해, 손의 가장 기본적 기능을 수행하기 위해서는 적어도 의수의 관절 세 개를 조절할 수 있어야 합니다. 의료진들은 표적 근육 신경 재분포 기술Targeted Muscle Reinnervation, TMR을 사용해, 원래라면 손의 각 관절을 조절하는 신경의 경로를 남아 있는 위팔이나 어깨 혹은 가슴의 근육에 연결시킵니다. 이를 통해 이들 근육을 움직이는 신호를 변환하고 증폭시켜, 의수를 구성하는 관절들이 작동할 수 있도록 고안한 거죠. 원리는 단순하지만, 어떻게 운용되는지 잘 그려지지 않습니다.

대부분은 컵을 잡을 때 손의 어떤 근육을 움직여서 어떻게 컵을 잡아야 하는지 생각하고 행동하지 않습니다. 그저 자연스럽게 움직여 컵을 들어 올리죠. 하지만 이 스마트 의수를 사용하는 사람들은 손의 움직임을 몸의 다른 근육과 연결 지어 생각하고 움직이는 연습이 필요합니다. 손과 손가락이 아니라 다른 부위의 근육을 움직여서 말이죠. 따라서 이 과정에 익숙해지기 위해서는 상당량의 훈련을 거쳐야 합니다. 이에 더해 최근에는 표적 감각신경 재분포 기술을 사용해 운동신경

조금씩 몸을 바꾸며 살아갑니다

©Wikimedia Commons

미국 일병 브랜든 멘데즈의
새로운 팔을 잡고 있는 배우 오언 윌슨

뿐만 아니라 감각신경의 기능도 일부 되살리는 방식 또한 등
장하고 있습니다.

손으로 만들어낸 가장 멋진 손

스마트 의수는 '몸 밖에 있는 뇌'인 손의 기능을 복원
할 수 있는 새로운 기술로 각광받으며, 점차 정교해지고 다양
한 방식으로 시도되고 있습니다. 감전 사고로 왼손을 잃은 요
리사 에두아르도 가르시아는 블루투스 기능을 탑재한 스마트
의수를 사용해 여전히 요리를 합니다. 생체공학 보조 장치를
착용한 선수(파일럿이라 합니다)들이 모여서 기능을 겨루는 국

의수를 장착하고
요리하는 셰프 가르시아

제 대회 사이배슬론cybathlon에 참여한 선수는 의수를 이용해
무너지기 쉬운 플라스틱 컵을 차곡차곡 쌓아 산 모양을 만듭
니다. 이처럼 최근 의용공학의 발달과 더불어 더욱 정교하고
세밀한 동작이 가능한 의수들이 속속 개발되고 있습니다.

다양한 기능과 모양을 가진 의수들에 대한 자료를 찾다가,
한 스타트업 회사에서 개발한 작지만 알록달록한 의수가 눈
에 들어왔습니다. 바로 사고나 질병으로 팔을 잃은 어린이들
의 몸과 마음을 위로하기 위해 출시한 '히어로 암Hero Arm' 시
리즈였습니다. 히어로 암 시리즈가 눈길을 끈 것은, 그것이 단
지 어린이용으로 작게 만든 스마트 의수이기 때문은 아니었
습니다.

아이들은 자랍니다. 다시 말해 아이들의 의수는 성장 단계에 따라 계속 바꾸어야 한다는 뜻이며, 만만치 않은 스마트 의수의 가격은 부담이 될 수밖에 없습니다. 또한 한창 자아 정체성을 형성하며 자라나는 시기에 몸의 일부를 잃었다는 사실은 아이들의 마음에 상처로 남을 가능성이 크지요. 히어로 암은 부품을 3D 프린터로 제작해 단가를 낮추어 경제적 부담을 덜어주는 한편, 영화 「아이언맨」의 기계 슈트나 애니메이션 「겨울왕국」 속 엘사의 얼음 장갑을 본뜬 멋진 디자인의 의수를 제작해 아이들을 덮친 몸의 상처가 마음의 흉터로 덜 남도록 노력한 모습이 엿보였습니다. 아이가 스스로에 대해 손이 없는 아이가 아닌 아이언맨의 손, 혹은 엘사의 비밀의 손을 가졌다고 생각할 수 있게끔 돕는 것이죠.

인간이 스스로의 손으로 만들어낼 수 있는 가장 멋진 손이란 바로 이런 것이라는 생각이 들었습니다. 앞으로 우리는 이 손으로 또 무엇을 만들어낼 수 있을까요?

5장

새로운 발걸음

—

다리

춤추는 스마트 의족

한 남성이 무대 위에서 멋지게 춤을 춥니다. 뒤이어 한 여성이 등장해 듀엣 댄스를 선보입니다. 진홍색 물방울무늬 치마 아래 드러난 다리가 흥겨운 음악에 맞춰 가볍고 경쾌하게 움직입니다. 함께 춤추는 상대와 보조를 맞추는 것도 자연스럽습니다. 멋진 두 댄서의 공연으로 흥겨워진 마음은, 여성 댄서인 에이드리언의 한쪽 다리가 의족이라는 사실을 알게 되면 놀라움을 넘어 경탄으로 바뀝니다. 이 영상의 제목 'Amputee's dancing dream'처럼, 테러 사건으로 다리를 잃었던 댄서에게 꿈같은 일이 벌어진 것이죠.

이족보행, 인간의 아이덴티티

인간의 아기는 생후 1년을 전후해 첫걸음마를 뗍니

다. 처음에는 아장아장 뒤뚱뒤뚱하던 걸음걸이는 성장함에 따라 점차 자연스러워지고, 사람들은 곧 걷기의 놀라움을 잊어버리죠. 하지만 인간에게 두 발로 걷는다는 것은, 단지 이동이 가능하다는 의미를 넘어섭니다. 인간이 지구상의 생명체 중 유일하게 이성을 가진 존재로 진화할 수 있었던 배경에는 이족보행이 있습니다. 인간은 평지에 두 발로 서면서, 나무 위에 살던 우리의 유전적 친척인 유인원들과는 달리 손을 이동의 책무에서 완전히 면제시키죠. 두 발 걷기를 통해 세상을 조작하는 데 두 손을 온전히 할애함으로써 세상을 바꿀 수 있었습니다.

그렇다고 다리의 중요성이 줄어든 건 아닙니다. 오히려 이동의 책임을 다리가 오롯이 전담하면서 두 발로 걷는 것이 그만큼 더 중요해졌습니다. 미국 국립암연구소에서 실시한 메타 분석 연구는, 적절한 수준의 걷기는 수명 연장에 확실한 효과가 있음을 보여줍니다. 연구진의 조사 결과, 일주일에 75분 이상 걷는 이들의 기대 수명은 그렇지 않은 이들에 비해 1.8년 늘어나며, 이런 현상은 걷는 시간에 비례해 증가하여 주당 150~299분을 걷는 이들의 경우 3.4년, 주당 450분 이상 걸을 경우 4.5년의 수명 연장 효과가 있다고 합니다.* 『걷기예찬』의 저자 다비드 르 브르통이 "걷는다는 것은 세계를 온전하

조금씩 몸을 바꾸며 살아갑니다

게 경험하는 것이다. 이때 경험의 주도권이 우리에게 돌아온다"**라며 극찬한 것까지는 아니더라도, 걷는다는 행위는 인간의 생에서 매우 중요한 기본 요소지요.

하지만 누구나 걸을 수 있는 것은 아닙니다. 2022년 국가통계포털에 등록된 지체장애인 117만 6,291명 중 약 46퍼센트가 다리나 발 등 하지에 장애를 가지고 있습니다. 영구적인 장애로 걸을 수 없거나 걷는 데 상당한 어려움을 지닌 이들이 수십만 명에 달한다는 것이죠. 목발이나 휠체어, 전동 휠체어 등 다양한 이동 보조 장치가 개발되어 있긴 하지만, 이런 장치들이 '걷기'라는 행위를 온전히 대치하기는 어려워 보입니다. 걷기 위해서는 다리가 필요합니다.

동화 속 인어공주는 바다 마녀가 준 물약을 먹고 다리를 얻습니다. 그런데 현실의 과학자들은 새로운 다리의 실마리를 바다 마녀가 아닌 돼지에게서 얻었습니다. 2014년, 미국 피츠버그 대학교 재생의학연구소의 과학자들은 사고나 부상을 당해 다리 근육에 심각한 손상을 입어 제대로 걷지 못하는 환자들에게 돼지의 방광에서 추출한 세포외 기질extracellular matrix,

* Steven C. Moore et al., "Leisure time physical activity of moderate to vigorous intensity and mortality: a large pooled cohort analysis," *PLoS Medicine* 9(11), 2012.
** 다비드 르 브르통, 『걷기예찬』, 김화영 옮김, 현대문학, 2002.

ECM을 투여, 다섯 명의 환자 중 세 명에게서 근육세포가 눈에 띄게 재생되었음을 보고한 바 있습니다. 다리는 몸을 지지하는 기관이므로, 인체를 구성하는 근육의 3분의 2가량이 다리에 존재합니다. 따라서 근육세포의 재생은 근육의 비중이 매우 높은 다리의 기능을 복원하는 데 주요한 디딤돌이 될 수 있습니다.

사실 이 아이디어의 시작은 도롱뇽이나 도마뱀처럼 꼬리, 심지어 다리의 일부가 잘려도 재생 가능한 척추동물에게서 기인했습니다. 일부 파충류나 양서류의 경우, 신체의 재생 능력이 인간을 비롯한 포유류에 비해 월등히 뛰어납니다. 이들의 유전체를 조사한 결과, 포유류에게 존재하는 재생 방해 유전자가 없다는 사실을 발견합니다. 그렇기에 이들은 세포 재생을 더 쉽게 할 수 있고, 심지어 다리까지 재생 가능한 것이죠.

그렇다면 이 유전자를 억제하면 포유류도 신체 재생이 가능해지지 않을까요? 하지만 포유류의 세포 재생 능력이 확대되면, 자칫 세포주기를 교란시켜 암세포를 발생시킬 위험성이 높다는 사실이 동물실험에서 제기되었습니다. 아무리 새로운 다리를 만든다고 해도 암이 생기면 결국 다시 제거해야 하니, 이런 방식의 접근은 상당한 위험이 따를 수밖에 없습니다. 그렇다면 다른 방법은 없을까요?

동물에게서 힌트를 얻다

2011년, 대구 세계육상선수권대회의 남자 1,600미터 계주를 관람하던 이들은 낯선 광경을 목도했습니다. 무릎 아래에 다리 대신 묘하게 구부러진 의족을 단 선수가 비장애인 선수들과 함께 트랙을 돌고 있었기 때문입니다. 그의 이름은 오스카 피스토리우스. 선천적으로 종아리뼈가 없이 태어나 11개월 때 무릎 아래를 절단한 하지 장애 선수였죠. 무릎 아래부터 다리가 없지만, 다리가 없다는 사실이 그가 달리는 것을 막지는 못했습니다. 그는 의족을 달고 달리고 또 달렸습니다. 그가 질주할수록 그의 의족은 점점 더 달라졌고 점점 더

오스카 피스토리우스.
2011년 대구 세계육상선수권대회에서
의족을 달고 뛰고 있다.

빨라졌습니다.

이 대회에 남아프리카공화국 대표로 출전한 그는 당당하게 1,600미터 계주에서 은메달을 따, 인간의 한계가 어디까지인지 다시 생각하도록 했습니다. 다리가 없는 피스토리우스가 그토록 빨리 달릴 수 있었던 데는, 그의 의족 '플렉스 풋Flex-Foot' 치타의 역할이 컸습니다. 이름처럼 세상에서 가장 빠른 포유동물인 치타의 발을 본떠 만든 것이죠. 순간 최대속력이 시속 110킬로미터에 달하는 폭발적인 스피드를 내면서 발끝으로 뛰는 치타의 발을 말이죠.

다리는 걷는 역할을 하고, 그 역할의 최전선은 발입니다. 동물들의 발은 각자 자신이 처한 환경에 가장 적합한 방식으로 외부와 맞닿는 역할을 합니다. 그래서 동물들마다 생존에 적합한 발이 진화했고, 종종 사람들은 그들의 발에서 아이디어를 얻습니다. 그중 가장 잘 알려진 것이 오리발입니다. 물을 가르기 쉽게 넓적하고 발가락 사이에 물갈퀴가 있는 오리발은, 잠수부들이 물속에서 좀더 쉽게 유영할 수 있도록 도와주는 훌륭한 보조 장치로 이미 오래전부터 사용되었지요.

도마뱀붙이는 벽 타기 선수입니다. 도마뱀붙이의 넓게 편 발가락마다 수백만 개씩 분포하는 미세한 강모는 표면적을 극대화시켜 미끄러짐을 방지합니다. 이러한 발을 가진 도마뱀붙이는 특별한 끈끈이 없이도 수직 벽이나 유리창을 기어 올라갈 수 있지요. 사람들은 이 도마뱀붙이의 발바닥 구조를 모방해, 접착제 없이도 단단하게 고정되는 테이프를 개발하려고 시도하고 있습니다.

커다란 몸집에 어울리지 않게 작디작은 개미만 먹는 것으로 알려진 개미핥기는 날카로운 발톱이 달린 발로 개미집을 부수고 땅을 파서 몰려나오는 개미들을 잡아먹습니다. 독일의 한 회사는 이 개미핥기의 발 구조를 연구해, 견고하면서도 가볍고 효과적으로 땅을 팔 수 있는 굴착기 삽을 개발해 특허를 낸 바 있습니다.

이 밖에도 빠른 속력을 내기에 적합한 발굽을 진화시키며 발가락 개수를 줄인 말, 엄청난 체중을 지탱하기 위해 발바닥에 매우 두꺼운 스펀지 조직을 발달시켜 하중을 분산시키는 코끼리, 모랫바닥에서 빠지지 않도록 두 개로 갈라진 넓적한 발을 가진 낙타처럼 동물들의 발과 다리는 각자의 역할을 충실히 이행하면서 저마다 다르게 진화했습니다.

사람의 발은 치타나 말처럼 빨리 뛸 수 없고, 도마뱀붙이처럼 벽에 달라붙지도 못하며, 개미핥기처럼 땅을 파는 데도 적합하지 않습니다. 심지어 너무 연약한 나머지, 쉽게 상처가 나기도 합니다. 그렇다면 우리는 적절하게 발을 진화시키는 데 실패한 것일까요?

인간의 발은 속도보다 '지구력'에 특화되어 있습니다. 우리의 두 발에는 몸 전체를 이루는 206개의 뼈 중, 4분의 1에 달하는 52개의 뼈와 인대들이 모여 단단하면서도 섬세한 아치 구조를 이룹니다. 가로세로로 교차하는 두 개의 아치 구조는, 발이 엄청난 하중을 받으면서도 뒤틀리지 않고 오랜 시간을 지속해 지면을 박차고 나아갈 수 있는 안정적 구조를 제공합니다. 우리는 빠르게 뛰거나 달리는 발이 아니라, 오랫동안 꾸준히 걷기 위한 발을 진화시킨 셈이죠.

기계로 다리를 대치하다

1982년 1월, 17세 소년 휴 허Hugh Herr는 자신의 인생을 뒤바꿔놓을 경험을 하게 됩니다. 이미 소년 등반가로 커리어를 착실히 쌓아가던 소년에게 1월의 추위 정도는 별것 아니라 여겨졌을지도 모릅니다. 그러나 무정한 대자연에 맞닥뜨린 인간의 몸은 한없이 연약했습니다. 추위에도 아랑곳하지 않고 산에 올랐던 소년은 눈사태에 갇혔고, 3일 만에 겨우 구조되었으나 무릎 아래 다리는 더 이상 그의 것이 아니게 되었습니다. 혹독한 추위로 인한 동상이 그에게서 다리를 앗아

의족 커플

버린 것이죠.

하지만 사라진 다리도 허에게서 등반에 대한 욕망을 빼앗아가진 못했습니다. 곧 허는 의족을 달고 암벽 등반에 나섰고, 그 과정에서 잃어버린 원래 다리에 미치지 못하는 의족의 불편함을 하나하나 개선해가기 시작합니다. 다리와 의족이 만나는 부분이 쓸리지 않도록 완충제를 채우고, 좁은 바위틈에 걸치기 쉽게끔 의족의 끝부분을 뾰족하게 변형시키거나 스파이크를 다는가 하면, 길이도 조절 가능하게 하는 등 암벽 타기에 최적화된 다리를 만들어내기에 이릅니다. 이제 허는 암벽에서만큼은 슈퍼 파워를 지닌 강화 인간이 되었습니다. 그렇다면 암벽 아래 세상에서도 가능하지 않을까요?

의족 암벽 등반에 성공하여 자신감을 얻은 그는 본격적으로 인간의 다리 연구에 착수합니다. 인간의 다리는 지지대 역할을 하는 뼈와 움직임을 만들어내는 근육, 에너지를 저장하고 방향을 바꾸어주는 힘줄, 그리고 이들을 단단히 엮는 인대가 발목 관절에서 모여 각자의 역할을 분담하며 작동합니다. 그는 모션 캡처를 통해 사람이 걸을 때 다리에서 일어나는 힘의 생산과 발산, 재분배 패턴을 수학적으로 모델링하고 이를 프로그래밍합니다. 그런 다음 사람의 다리 구조를 본떠 알루미늄 지지대와 모터, 배터리와 스프링으로 만든 의족을 구동시키는 데 사용했습니다.

허의 다리는 실제 가하는 힘과 움직임에 따라 반응합니다. 그는 이 다리로 걷고, 뛰고, 계단을 오르고, 자전거를 타는 등 원래의 다리가 하던 거의 모든 일을 해내는 데 성공합니다. 심지어 앞서 에이드리언에게 달아주었던 다리는 춤도 출 수 있습니다. 팔다리가 멀쩡한 사람이 춰도 어색하고 뻣뻣할 수 있는 게 바로 춤입니다. 그런데 유연성이라곤 전혀 없을 것만 같은 기계 다리를 달고도 가볍고 경쾌하게 춤을 추는 것이 가능하다는 걸 허와 에이드리언이 보여주었습니다. 수백만 년에

조금씩 몸을 바꾸며 살아갑니다

걸친 진화 과정을 통해 가장 최적으로 다듬어진 자연의 교과서를 훌륭하게 벤치마킹하는 데 성공한 셈이죠. 가장 오래된 것을 보고, 가장 새로운 것을 만들어낸 셈입니다.

이제 허와 동료들은 원래 다리의 생물학적 기능을 더 잘 구현할 수 있는 의족을 만들어내기 위해 노력하고 있습니다. 그 과정에서 가장 중요한 것이 동력원의 소형화입니다. 허가 개발한 초기 의족은 배터리 무게만 6킬로그램에 달해 여간 무거운 것이 아니었습니다. 최근에는 우리의 발이 지면을 밟을 때 생기는 힘을 재사용해 에너지 소모를 최소화하며 걷는 것에 착안, 바닥을 밀 때 나오는 힘을 (힘줄 역할을 하는) 스프링의 탄성 에너지로 전환함으로써 좀더 가볍고 오래 사용할 수 있는 의족을 세상에 내놓고자 시도 중이지요.

이 밖에도 세계 각지의 연구자들이 더 오래, 더 가볍게, 더 자연스럽게 움직이는 다리를 제작하기 위해 안팎으로(다리 안쪽에서 다리를 대치하거나, 다리 밖에서 외골격 슈트를 통해 보조하는 방식을 모두 포함한) 연구에 매진하고 있습니다. 또한 다리를 잃지는 않았으나, 척수 손상으로 마비되어 걸을 수 없는 이들을 위한 디지털 브리지digital bridge의 개발도 이루어지고 있습니다. 손상된 척수 대신 디지털 브리지가 뇌의 운동 영역과 다리의 신경 신호를 직접 중계하는 것이죠. 그러한 노력 덕분에, 어쩌면 머지않아 두 발과 다리 외에도 걸을 수 있도록 해주는 무언가가 우리 삶에 자연스레 들어올지도 모르겠습니다. 더 많은 이들이 자유롭게 가고 싶은 곳에 갈 수 있는 시대가 열릴 때까지 인류의 발걸음은 멈추지 않을 것이라 생각합니다.

조금씩 몸을 바꾸며 살아갑니다

6장

소리를 얻다

—

청각

딸 바보 아빠의 발명품

세상에는 딸 바보 아빠가 많습니다. 이 아빠들은 딸을 위해서라면 다소 엉뚱한 일들도 마다하지 않지요. 영국의 발명가 하워드 스테이플턴Howard Stapleton도 그런 아빠였습니다. 그는 어느 날 10대 딸이 투덜거리는 소리에 화가 났습니다. 딸이 말하길, 쇼핑을 하러 마트에 가면 불량스러운 또래 남자애들이 외모를 평가하며 놀리거나 이상한 농담을 지껄여 대 기분이 너무 나쁘다는 것이었죠. 그렇다고 쇼핑의 즐거움을 포기할 수도 없고요.

딸의 이런 호소를 들은 스테이플턴은 생각에 잠깁니다. 마음 같아서야 딸을 귀찮게 하는 사람이 누구든 혼쭐내고 싶지만, 남의 집 귀한 아들들에게 물리적 폭력을 가할 수는 없지 않겠어요. 그래서 고민합니다. 직접적인 폭력이나 위해를 가하지 않고도 이들을 멀리 내쫓을 수 있는 방법은 없는 걸까요? 이 고민은 '모기 기계The Mosquito'라는 엉뚱한 기계의 개발로 이어집니다. 모기 기계는 흔히 '모깃소리'로 대표되는, 매우 높고 날카로운 고주파음을 만들어내는 일종의 고주파 음향 생성기입니다. 그런데 어떻게 고주파음이 사춘기 아이들을 내쫓는 도구가 되는 걸까요?

소리, 존재의 표현 수단

그 전에 먼저 소리에 대해 알아봅시다. 갑작스럽게 큰 소리가 나면 깜짝 놀랍니다. 반면, 갑자기 사위가 고요해지면 공포에 휩싸이죠. 사람은 시각에 대한 의존도가 높기에 평소에는 청각의 중요성을 쉽게 잊지만, 흥미롭게도 소리는 사방을 가득 채울 때보다 완전히 사라졌을 때 존재감을 더 과시합니다. 우리 삶에서 소리는 늘 디폴트이기 때문입니다.

소리의 정의는 '물이나 공기 같은 매질의 진동을 통해 전달되는 파동'이므로, 진공에서 살 수 없는 생명체들은 소리 속에서 태어나 소리에 둘러싸여 평생을 살아갑니다. 그래서인지 소리를 감지하는 청각기관인 귀는, 눈꺼풀이 있어 언제든 인위적으로 시각적 정보를 차단할 수 있는 눈과는 달리 스스로 감각을 차단할 수 없습니다. 또한 눈이 시선을 맞추어야만

조금씩 몸을 바꾸며 살아갑니다

볼 수 있는 것과는 달리, 어디서 소리가 나든 방향성에 제한받지도 않습니다. 24분의 1초 안에 일어나는 동작을 연속적으로 인식하는 눈과 달리, 귀는 몇 밀리초(1밀리초는 1천분의 1초입니다)의 차이도 인식할 만큼 예민하며, 심지어 잠을 잘 때도 열려 있습니다. 자다가 모기의 작은 날갯짓 소리를 듣고도 깨어나는 것이 사람입니다.

소리, 어떻게 들리는 걸까

사람은 귀를 이용해 소리를 듣습니다. 그 과정을 따라가볼까요? 어디선가 만들어진 음파가 공기를 타고 우리 귀에 닿으면, 귓바퀴와 외이도를 거쳐 얇은 막으로 된 고막을 흔듭니다. 고막 안쪽에 있는, 우리 몸에서 가장 작은 뼈 3형제인 망치뼈, 모루뼈, 등자뼈는 고막의 진동을 증폭해 내이의 달팽이관으로 전달합니다. 증폭된 진동은 달팽이관 안에 있는 유모세포有毛細胞, hair cell를 자극하고, 이 신호는 청신경을 따라 뇌의 측두엽 위쪽에 위치한 청각중추로 보내집니다. 뇌의 청각중추는 이 신호를 '소리'로 인식해 구별하지요.

귀 안에서 소리를 듣는 결정적 역할을 하는 부위가 바로 유모세포입니다. 유모세포는 머리카락을 닮은 일종의 털, 즉 섬모를 가지고 있어서 이런 이름이 붙었지요. 가느다랗고 섬세한 유모세포의 섬모들은 아주 민감해서 자그마한 진동에도 움직입니다. 우리가 아주 작은 소리에도 반응하는 까닭인 거죠. 사람은 보통 약 1만 5,000개의 유모세포를 가지고 태어납니다.

소리, 존재와 감지

세상에는 소리가 넘쳐나지만, 모든 소리가 우리의 귀에 들리는 것은 아닙니다. 인간의 귀로 들을 수 있는 소리의 영역을 가청주파수라고 하지요. 보통 20~2만 헤르츠 사이가 가청주파수인데, 숫자가 낮을수록 낮은 소리, 높을수록 높은 음역의 소리로 들립니다. 세상에는 이 범위를 벗어난 음파들도 얼마든지 존재합니다만, 20헤르츠 이하의 초저주파나 2만 헤르츠 이상의 초음파는 우리 귀에 들리지 않습니다. 그래서 초음파 검사기는 엄청난 고음을 발산함에도, 우리는 검사를 받을 때 전혀 시끄럽다고 느끼지 않습니다. 의료용 초음파의 주파수는 200만~3,000만 헤르츠나 되거든요.

더욱이 앞서 언급한 가청주파수의 영역은 어디까지나 '최댓값'입니다. 특히 높은 한계 영역대의 소리까지 모두 듣는 것은 아이들뿐입니다. 나이가 들수록 고주파를 듣는 능력이 먼저 소

조금씩 몸을 바꾸며 살아갑니다

실되므로, 평균적으로 30대의 최고 가청주파수는 1만 6,000헤르츠, 40대는 1만 4,000헤르츠, 50대는 1만 2,000헤르츠, 70대에 이르면 1만 헤르츠로 줄어듭니다. 따라서 모든 음향을 원음 그대로 재현할 수 있는 값비싼 스피커를 사더라도, 이를 완벽히 들을 수 있는 건 갓난아기뿐이라는 말이 있을 정도입니다. 물론 이는 평균값이기 때문에 개인차가 훨씬 크다는 걸 감안해야 하지만, 어쨌든 어릴수록 높은 소리를 잘 듣는 건 분명합니다.

모기 기계는 바로 이 점에 착안해 고안되었습니다. 사춘기 아이들은 아직 청력이 민감할 때라 고주파음도 잘 듣습니다. 모기 기계는 10대 이하만 들을 수 있는 1만 7,000헤르츠 이상의 고주파음을 출력합니다. 그것도 아주 시끄럽게 말이죠. 매장에 모기 기계를 작동시키면 대략 20대를 넘긴 성인들의 경우 이 소리를 듣지 못하지만, 10대 이하의 아이들에게는 귀청 떨어지는 소리처럼 들릴 수 있는 거죠. 의미 없는 큰 소리는 소음일 뿐입니다. 결국 종일 쇼핑센터에서 어슬렁거리던 10대들은 견디지 못하고 매장 밖으로 도망쳤지요.

스테이플턴은 자신이 개발한 고주파 음향 생성기에 특허를 내고 시제품을 판매했는데, 출시되자마자 영국에서만 3,000개 이상이 팔려나갔습니다. 그만큼 상점 주인들에겐 이전부터 매장에 들어와 물건을 사지도 않으면서 다른 손님들의 쇼핑을 방해하는 불량 청소년들이 눈엣가시였던 거죠.

하지만 곧 이 모기 기계는 인권침해와 아동 학대의 소지가 있다는 비난에 시달리게 됩니다. 모기 기계가 내는 기분 나쁜 소리는 10대뿐 아니라 어린 아기들에게도 들릴뿐더러(어릴수록 더 잘 듣지요), 대개 어른들을 따라 쇼핑센터에 온 아기들은 혼자 힘으론 밖으로 나갈 수도 없으니 소음을 고스란히 견디는 것 말고는 다른 방도가 없습니다. 게다가 10대 소녀인 스테이플턴의 딸에게도 그 소리가 들렸을 테니 편안한 쇼핑을 하기는 힘들었을 테고요.

결과적으로 이 모기 기계는 일종의 해프닝으로 끝났지만, 10대만 들을 수 있는 소리가 있다는 걸 확실히 깨달은 스테이플턴은 모기 기계의 원리를 거꾸로 이용해 10대 전용 휴대전화 벨 소리, 일명 틴벨teen bell을 개발해 출시합니다. 틴벨의 소리 역시 1만 7,400헤르츠 이상의 고주파입니다. 따라서 틴벨은 10대 아이들에게는 들리지만 그보다 나이가 많은 교사들에게는 들리지 않을 가능성이 아주아주 높습니다. 설사 수업 시간에 휴대전화가 울리더라도 선생님은 듣지 못하니, 야단맞을 위험이 줄어든다는 장점을 내세워 거꾸로 청소년들에게 어필한 것이죠.

나이가 앗아가는 높은 소리

나이 들어 생기는 청력 손실을 노인성 난청presbycusis 이라고 합니다. 나이가 들면 눈뿐 아니라 귀 역시 점점 어두워 진다는 건 경험적으로 알고 있습니다. 그런데 왜 하필 높은 소리부터 사라질까요? 바로 우리의 청각 구조와 연관이 있습니다. 달팽이관 내부에는 각기 다른 주파수를 감지하는 유모세포들이 존재합니다. 유모세포는 달팽이관의 입구에서 안쪽으로 들어갈수록 순서대로, 높은 주파수에서 낮은 주파수를 담당하게끔 배열되어 있습니다. 아무래도 입구 쪽은 안쪽에 비해 외부에 더 많이 노출되다 보니, 나이를 먹을수록 소리가 들어오는 입구 쪽이 더 일찍 손실되기 마련이죠. 하지만 손실이 꽤 진행될 때까지 자각하긴 힘듭니다. 사람의 말소리는 평균 주파수가 500~4,000헤르츠로, 가청주파수의 위쪽 한계 지점보다 한참 낮기 때문이죠.

얼핏 이 숫자만 보면, 노화가 일어나도 일상생활에 큰 불편이 없어야 합니다. 그럼에도 나이 들수록 소리를 듣는 일이 점점 어려워져서, 70대 이상의 노인 중 3분의 1이 노인성 난청으로 생활하는 데 불편을 느낀다는 보고가 있습니다. 이는 노화에 따른 청력 손실이 연속적이기는 하지만, 도미노 형태가 아니라 방치된 유리컵 실로폰과 비슷하게 일어나기 때문입니

유리컵 실로폰

다. 도미노는 바로 앞의 블록이 넘어져야만 그다음 블록이 쓰러집니다. 그러니 앞쪽 블록이 넘어지는 동안에도 맨 끝 블록에는 아무런 변화가 없지요. 반면 유리컵 실로폰에는 서로 다른 양의 물이 들어 있습니다. 이 상태 그대로 방치하면 컵에 든 물은 증발합니다. 물이 담긴 양에 따라 바닥이 드러나는 시간은 순차적이지만, 각 컵마다 물이 증발되는 속도는 같기에 시간이 지나면 모든 컵에 든 물은 줄어들지요.

청각의 노화도 마찬가지입니다. 먼저 2만 헤르츠를 인식하는 유모세포가 사라진 다음에 1만 8,000헤르츠, 1만 6,000헤

　　　　　　조금씩 몸을 바꾸며 살아갑니다

르츠 식으로 순차적으로 손실되는 것이 아니라, 노화에 따라 전체적으로 골고루 손실이 일어나지만 고주파 담당 유모세포 쪽이 먼저 바닥을 드러내는 것입니다. 따라서 일정 주파수 이상의 소리를 듣지 못한다는 것은 그 아래 음역의 소리를 듣는 세포에도 이미 꽤 손실이 일어났음을 의미하며, 그 정도는 주파수가 높은 쪽일수록 더 심할 테지요. 즉 가청주파수 영역의 최대 한계가 1만 헤르츠로 떨어졌다는 것은, 이를 기준으로 위쪽은 못 듣고 아래쪽은 잘 들린다는 뜻이 아닙니다. 그 아래 음역 역시 이미 손실되었음을 의미하며, 주파수가 높은 쪽일수록 민감도가 더 떨어졌다는 뜻입니다.

또한 우리의 귀가 음성을 인식할 때 낮은 주파수는 소리 자체를 인식하는 데 주로 쓰이지만, 높은 주파수는 발성을 분명하게 구분하는 데 주로 쓰입니다. 그래서 나이가 들면, 소리를 잘 듣지 못하게 되는 데다 소리 자체가 웅얼거리는 것처럼 들려서 명확히 구별하기도 어려워지는 거죠. 문제는, 최근 이런 난청 현상이 전 연령대로 확산되고 있다는 점입니다. 유모세포는 노화뿐만 아니라 큰 소리에 지속적으로 노출될 때도 손상되기 때문입니다. 이를 소음성 난청이라고 하지요. 유모세포 역시 감각을 담당하는 신경세포이므로, 한번 손상되면 재생이 되지 않습니다. 즉, 한번 잃어버린 소리는 영영 들을 수 없을 가능성이 높다는 것이죠.

잃어버린 소리를 찾아서

청력이 손실되면 가장 많이 찾는 것이 보청기입니다. 보청기의 원리는 기본적으로 마이크입니다. 마이크를 이용해 작은 소리를 증폭해서 크게 만드는 것과 같은 이치이지요. 그래서 보청기는 소리를 감지하는 마이크로폰, 입력된 소리를 증폭하는 증폭기, 증폭된 소리를 출력해 전달하는 리시버, 출력된 소리의 크기를 조절하는 조절기와 이 모든 기계가 작동할 수 있도록 하는 전원 장치로 이루어진 초소형 이동식 전자 마이크라고 생각하면 됩니다. 하지만 이것 역시 유모세포가 어느 정도 남아 있을 때만 쓸 수 있으며, 마이크의 성능 문제로 모든 주파수의 음파를 다 증폭시킬 수 없기에 들을 수 있는 소리에도 제한이 있지요.

유모세포가 손실된 경우에는 인공 와우가 대안이 될 수 있습니다. 인공 와우는 유모세포의 역할을 대신해 음파를 전기 신호로 바꾼 다음, 직접 청신경을 자극하는 장치입니다. 일종의 신호 전환기인 셈이죠. 인공 와우의 시작은 매우 이른 시기로 거슬러 올라갑니다. 이미 1790년 이탈리아의 물리학자 알

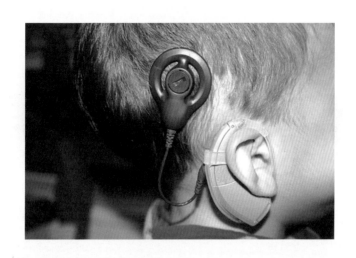

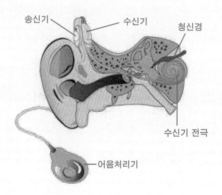

송신기   수신기   청신경

수신기 전극

어음처리기

인공 와우를 장착한 아이(위)와
인공 와우의 기본 원리(아래)

레산드로 볼타Alessandro Volta(최초로 전지를 발명해 전압의 단위인 볼트v에 자신의 이름을 붙인 그 과학자입니다)가 잘 들리지 않는 자신의 귀에 전극을 삽입해 자극을 주었더니, 전기신호가 마치 소리처럼 들린다고 보고한 바 있습니다. 이를 통해 적절한 전기 자극이 소리로 변환될 수 있음을 알았지요. 하지만 이것이 실질적으로 응용되는 데는 꽤 오랜 시간이 걸렸습니다. 1950년대부터 시험적으로 실시되던 내이 삽입형 전파 변환기는, 1984년 처음 FDA의 승인을 받아 본격적으로 사용되기 시작합니다.

인공 와우는 두 부분으로 이루어집니다. 신체 외부에 부착하는 외부 장치와 내부에 이식하는 내부 장치죠. 외부 장치에는 말소리를 모으는 송화기, 이 소리를 전기신호로 변환시키는 언어 처리기가 존재합니다. 이렇게 바뀐 전기신호는 체내에 삽입된 무선 안테나로 전해지고, 이 신호를 받은 체내 장치는 이를 청신경으로 전달해 뇌로 보내어 소리로 인식하게 되지요. 최근에는 아예 외부 장치를 소형화하여 고막 부분에 이식함으로써, 겉에서는 전혀 드러나지 않는 인공 와우의 개발도 이루어지고 있습니다. 인공 와우는 유모세포가 소실된 경우에도 사용 가능하지만, 처음부터 모든 소리를 다 인식할 수 있는 것은 아닙니다. 소리를 구분할 수는 있되 원래와는 다른 형태로 감지되기 때문에 상당 기간에 걸친 조율 과정이 필요하며, 아무래도 조율되지 않는 영역도 있습니다.

따라서 최근에는 아예 줄기세포를 이용해 유모세포를 재생하거나, 유모세포 생성 및 성장에 반드시 필요한 단백질의 발현을 증가시켜 유모세포의 사멸을 방지하는 등 유모세포 자체를 보충하려는 노력도 시도되고 있습니다. 이는 가장 근본적인 해결법이기는 하나, 임상에서 널리 쓰일 만큼 확실한 안정성을 갖추는 데는 아직 시간이 더 필요합니다. 그때까지 유모세포가 살아남을 수 있도록 잠시 귀를 쉬게 해주는 것은 어떨까요?

7장

가장
원초적인 감각

—

후각

바이러스의 공격으로 사라진 세상의 내음

2022년 봄, 한창 국내에서 오미크론 변이가 유행해 코로나19 확진자가 수십만 명씩 폭등하던 시기, 저도 코로나에 걸리고 말았습니다. 미열과 기침, 인후통과 근육통 등 코로나 환자들이 호소하는 이상 증상을 다 겪고 난 뒤 격리 해제되어, 모처럼 외출해 평소 좋아하던 카페에 들렀습니다. 커피야 집에서도 마실 수 있지만, 고압으로 갓 추출한 커피 향을 집에서 흉내 내기는 어려우니 말이죠.

그런데 이상한 일이었습니다. 투 샷으로 진하게 내린 커피를 받았지만 향이 나지 않았습니다. 이상해서 한 모금 마셔보니 그저 뜨거운 물을 마시는 느낌만 나더군요. 수없이 접해봐서 너무나 익숙한 향이고 아는 맛인데, 그 맛과 향이 전혀 느껴지지 않으니 정말 이상했습니다. 코로나19의 대표적 후유증 중 하나인 미각과 후각 상실 증상이 나타난 것이었습니다.

가장 원초적인 감각, 후각

코로나19의 고약함은 회복된 후에도 다양한 후유증을 가져올 수 있다는 것입니다. 잔기침, 탈모, 브레인 포그brain fog(머릿속에 안개가 낀 듯 멍한 현상), 미각 상실과 후각 상실anosmia 등이 대표적인 후유증입니다. 세계 각국의 조사에 따라 수치에는 조금씩 차이가 나지만, 대부분의 국가에서 회복된 이들 중 약 30~70퍼센트가 후각 기능 저하를 겪은 것으로 관찰되었고, 이 중 10~15퍼센트는 거의 아무 냄새도 맡지 못하는 완전 후각 소실 증상을 보였다고 합니다. 이 증상에 대해 연구한 미국 존스홉킨스 대학교의 연구진에 따르면,* 코로나 감염 그 자체가 아니라 이로 인한 2차 증상, 즉 후각 상피세포 및 후각신경에 발생한 염증 반응으로 인한 손상이 원인이라고 합니다. 그나마 다행스러운 점은, 대개 이런 후각 상실이 영구적이지는 않다는 겁니다.

사실 이전에도 코감기에 걸리거나 심한 알레르기 증상으로 점막이 부어오르면 냄새가 잘 느껴지지 않던 경험은 있었습니다. 그런데 코로나 후유증에서 비롯한 후각 상실은 그와는 달랐

---

* Cheng-Ying Ho et al., "Postmortem Assessment of Olfactory Tissue Degeneration and Microvasculopathy in Patients With COVID-19," *JAMA Neurology* 79(6), 2022, pp. 544~553.

습니다. 코감기로 인한 후각 이상이 그저 냄새에 좀 둔감해진 정도라면, 코로나 후유증인 후각 상실은 말 그대로 후각이 지워진 느낌이랄까요. 인간이란 뭐든 잃어봐야 그 중요성을 알게 된다고 하지요. 후각이 사라지자, 후각이 궁금해졌습니다.

흔히 후각은 가장 원초적인 감각이라고 합니다. 우리는 후각을 냄새로 지각되는 감각이라고 알고 있지만, 정확히 말해 공기 중에 섞여 있는 특정 화학 분자를 감지하고 구별하는 감각입니다. 그런 점에서 후각과 미각은 매우 유사한 점이 많습니다. 후각이 공기 중의 화학 분자를 감지해 이를 '냄새'라는 감각으로 인지한다면, 미각은 물과 침에 녹은 화학물질을 감지해 이를 '맛'이라는 감각으로 인지한다는 차이가 있을 뿐이죠. 시각이 빛을 인지하는 감각이고 청각이 음파를 인지하는 감각이라면, 후각과 미각은 화학물질을 감지하는 것이죠.

화학물질을 감지하는 능력은 가장 단순한 생명체도 가지고 있는 감각입니다. 짚신벌레가 들어 있는 수조에 한쪽에는 묽은 아세트산 용액을, 다른 한쪽에는 진한 소금물을 떨어뜨리면 아세트산 용액 쪽으로는 짚신벌레들이 모여들지만, 소금물 쪽에서는 도망가는 것을 볼 수 있습니다. 즉 짚신벌레도 물에 녹은 화학물질을 감지하는 능력이 있는 것이죠. 다만 짚신벌레 같은 단세포생물에게는 코나 혀라는 기관이 없기 때문에 이를 후각 대신 주화성chemotaxis이라고 부를 뿐이고요. 세상에는 빛이나 소리를 감지하지 못하는 생물은 있어도, 화학 물질을 감지하지 못하는 생물체는 거의 없습니다. 그래서 후각을 원초적인 감각이라고 하는 것이죠.

후각은 기억을 담당하는 해마, 감정을 담당하는 편도체와 직접적으로 연결되어 있어서, 어떤 냄새는 잊고 있던 기억을 상기시키거나 특정한 감정을 불러오는 경우도 많습니다. 이를 '프루스트 현상Proust phenomenon'이라고 하지요. 20세기 프랑스 작가 마르셀 프루스트의 소설 『잃어버린 시간을 찾아서』의 주인공이 마들렌 냄새를 맡고 어릴 적 기억을 떠올리는 장면에서 유래된 말입니다. 여러분도 특정 냄새를 맡을 때마다 누군가가 떠오른다거나 어떤 감정을 느껴본 적이 있나요?

어떻게 코로 냄새를 맡을까

그렇다면 사람들은 어떻게 코로 냄새를 맡을까요? 냄새란 화학 분자들이 공기를 타고 떠다니다가 들숨에 섞여 코안으로 들어와 후각 상피에 있는 후각 수용체에 달라붙고, 이 신호가 후각신경을 타고 뇌의 후각 망울에 전달되어 구별되는 과정입니다. 이에 대한 자세한 경로를 밝힌 공로를 인정

조금씩 몸을 바꾸며 살아갑니다

받아 리처드 액설과 린다 벅*은 2004년 노벨 생리의학상 수상자가 되었답니다.

사람의 유전체에는 후각 수용체를 만드는 유전자가 대략 1,000개 존재합니다. 이는 후각 수용체의 종류 역시 약 1,000종이라는 뜻이지요. 시각에서 색을 느끼는 유전자가 단 3종(빨강, 초록, 파랑)뿐이며 인간의 전체 유전자 수가 2만여 개라는 점에 비추어보면, 후각은 인간 유전자 풀에서 5퍼센트를 차지할 만큼 단일 감각으로는 상당히 많은 유전자를 가지고 있습니다. 게다가 후각 수용체의 종류는 1,000가지라 하더라도 하나의 후각 수용체가 여러 개의 분자와 결합할 수 있기 때문에, 이론적으로 인간이 맡을 수 있는 냄새의 가짓수는 3,000~1만 개에 이른다고 합니다. 하지만 1,000개의 후각 유전자 중 실제로 기능하는 것은 375개 정도이며, 나머지는 거의 기능하지 않습니다.

그렇다고 해서 후각이 중요하지 않은 것은 아닙니다. 비록 전체의 3분의 1 정도만 기능함에도, 여전히 사람이 맡을 수 있는 냄새의 수는 1,000가지가 넘습니다. 또한 후각은 알게 모

* Linda Buck & Richard Axel, "A novel multigene family may encode odorant receptors: a molecular basis for odor recognition," *Cell* 65(1), 1991, pp. 175~187.

르게 우리의 행동에 많은 영향을 미칩니다. 어디선가 퀴퀴한 냄새가 나면, 온통 거기에 신경이 쓰여 안절부절못하듯이요. 이처럼 냄새를 느끼는 감각은 우리 삶에서 매우 중요합니다.

이참에 냄새 때문에 기분을 망쳤던 경험에 대해 좀더 이야기해볼까요? 후각은 가장 지속적으로 노출되어 있는 감각 중 하나입니다. 보기 싫으면 눈길을 돌리거나 눈을 감으면 되고 듣기 싫으면 귀를 막으면 되지만, 냄새는 완전히 막기 어렵습니다. 누구나 숨은 쉬어야 하니까요. 사람은 분당 12~20회, 하루에도 약 1만 7,000번~2만 8,000번 호흡하고, 한 번 숨을 쉴 때마다 0.5리터 내외의 공기가 몸속으로 들고 납니다. 이 과정에서 공기 속에 포함된 수많은 화학물질이 함께 들어오지요. 그러니 1년 365일 내내, 인간의 코점막에 퍼져 있는 후각 수용체 500만 개는 늘 외부의 자극에 끊임없이 노출되며 부지런히 후각 정보를 뇌에 전달합니다.

그런데 노출되어 있다는 건, 마모되기 쉽다는 말과 동일합니다. 따라서 우리 몸은 후각 기능을 유지하기 위해 후각 상피세포를 주기적으로 교체합니다. 교체 주기는 종류에 따라 다르지만, 보통 2주에서 8주 사이죠. 코로나19 감염 이후 후각 기능이 상실된 환자의 추적 연구에 따르면, 대부분 한 달 이후엔 후각 기능이 완전히 돌아오거나 후각 상실 직후보다는 현저히 향상된다고 보고하고 있습니다. 그나마 다행이라는 생각이 들었습니다. 이대로 영영 냄새를 맡지 못하게 되는 건 아닐까 걱정했거든요.

사라진 냄새를 찾아서

제 경우에는 후각을 잃고 한 달 정도가 지나니 서서히 감각이 돌아오기 시작했습니다. 하지만 회복은 점진적이고 무작위적이었습니다. 가장 먼저 돌아온 냄새는 악취였으며, 그다음이 음식 냄새였고, 꽃과 과일 향이 가장 늦게 돌아왔습니다. 흥미로운 건, 그 과정에서 냄새의 교란을 겪었다는 점입니다. 커피에서는 식초 냄새가 나서 마실 수가 없었고, 밥 짓는 구수한 냄새가 비린내로 느껴져 구역질이 났습니다. 향수는 이전과는 다른 냄새를 풍겼으며, 어디선가 냄새가 나긴 하는데 도통 무슨 냄새인지를 구분할 수 없어서 혼란스러웠습니다.

이런 증상을 가리켜 이상 후각parosmia이라고 합니다. 복잡하게 얽힌 거미줄에서 줄이 하나 끊어지면 그 부분만 보수하면 됩니다. 하지만 거미줄이 뭉텅이로 끊겨 나가면 처음부터 새로 만들지 않으면 안 됩니다. 그렇게 다시 만들어진 거미줄은 아무리 똑같이 복제했다손 치더라도 처음과는 미세하게 다를 수밖에 없습니다. 바이러스가 침투해 대량으로 손상된 후각 신경세포들이 이후 다시 복구될 때도 비슷한 현상이 일어납니다. 신경 배선이 재배치되는 과정에서 이전과 다르게 만들어진 시냅스는 뇌에 엉뚱한 신호를 전달하는 원인이 되지요.

하지만 세상 모든 것이 그렇듯 한번 만들어진 신경도 보수가 가능합니다. 잘못된 배선은 시간을 거치면서 점차 제자리를 찾아갑니다. 물론 세상에는 그런 운이 비껴간 사람들도 있는 법이죠. 손상이 매우 광범위하거나 줄기세포까지 훼손된 경우, 후각 마비 증상이 상당히 오랫동안 지속될 가능성이 있습니다. 비록 그 확률은 2퍼센트 정도에 불과하지만, 2024년 기준으로 전 세계 코로나 감염자가 6억 명을 넘어섰기에 후각 상실로 고통받는 이들도 수천만 명 수준에 이르고 있습니다. 앞으로 더 늘어날 가능성이 많고요. 후각을 잃은 경우, 이에 대한 대응책은 없는 걸까요?

인공 코의 미래
현재 진행되는 프로젝트에는 망가진 후각 상피세포

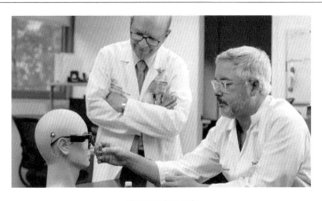

인공 코 연구 모습

를 대신할 보철물 연구가 있습니다. 이가 빠지면 그 자리에 치아 임플란트를 넣듯, 망가진 후각 상피세포를 대신할 후각 임플란트olfactory implant를 이용하는 것입니다. 후각 임플란트는 일상생활에서 자주 접하는 몇몇 화학 분자들을 인식할 수 있는 센서와 이 신호를 전기신호로 바꾸어 후각 겉질에 전달하는 부위로 구성됩니다. 일종의 인공 코라고 할 수 있지요.

앞서 말했듯, 후각이란 화학 분자를 감지하는 감각입니다. 따라서 분자들을 인식할 수 있는 화학물질 감지 센서와 이들의 소형화는 인공 코의 중요한 바탕입니다. 그러니 이 센서들이 되도록 다양한 화학물질을 인식하고, 소형화되어 착용에 무리가 없으면 되는 거죠. 코라고는 하지만, 반드시 코에 이식할 필요는 없습니다. 외부 센서를 안경 형태로 만들어서 감지하게 할 수도 있지요.

게다가 인공 코는 센서의 종류에 따라 사람이 맡지 못하는 냄새도 감지 가능하다는 장점이 있습니다. 예를 들어 화약 냄새나 사람이 감지할 수 없는 독극물의 냄새를 맡을 수 있는 센서를 장착한다면, 이로부터 위해를 입는 것을 피할 수 있겠지요. 하지만 시각과 청각과는 달리, 후각 보조 장치에 대한 연구는 아직 시작 단계입니다.

잃어버린 후각세포를 깨우세요

운동을 하면 근육이 튼튼해집니다. 그런데 후각세포도 훈련을 통해 나아질 수 있답니다. 2013년, 그리스 연구진들은 감염성 질병이나 외상 때문에 후각을 잃은 환자들을 관찰한 결과, 후각 훈련을 반복하면 어느 정도 후각을 되살릴 수 있다는 연구 보고를 발표한 바 있습니다.* 이들은 후각 상실 환자 119명을 대상으로 네 가지 특정한 냄새(장미, 유칼립

---

* Iordanis Konstantinidis et al., "Use of olfactory training in post-traumatic and postinfectious olfactory dysfunction," *Laryngoscope* 123(12), 2013.

투스, 레몬, 정향)에 매일 노출시킨 뒤, 16주 후에 후각의 변화를 보았습니다. 그러자 놀랍게도 외상 환자의 33.2퍼센트, 감염 환자의 67.8퍼센트에서 이전보다 후각 감지 능력이 상승했다는 보고가 있었습니다. 이후 향의 종류를 늘려 열두 가지 향을 사용하자 이 그룹의 후각 감지 능력은 더욱 향상되었습니다. 가급적 다양한 냄새에 지속적으로 노출시키는 편이 후각을 되살리는 데 효과적이라는 점이 밝혀진 겁니다. 특정한 냄새를 가진 다양한 물질을 반복적으로 접하게 하여 뇌에 각인시키는 것이죠.

놀라운 건, 이런 방법만으로도 후각을 되찾을 수 있다는 가능성이었습니다. 시각을 잃은 이에게 빛을 쬐어준다고 시력이 되돌아오진 않지만, 냄새를 지속적으로 맡았을 때 후각이 잠든 기억을 깨워 되살아날 가능성이 있다는 사실이 놀랍지 않나요? 그러니 지금이라도 주변에서 나는 냄새가 무엇인지 주의를 기울여보는 건 어떨까요? 냄새와 추억이 함께 기억된다면, 그 냄새를 영영 잃어버릴 확률은 조금 더 낮아질 수도 있으니까요. 특히 잃고 싶지 않은 냄새라면 더더욱 기억 속에 간직해두세요.

8장

맑은 공기를
양껏 들이마시다

—

폐

한 번의 숨이 살아갈 힘을 얻게 한다

1년에 두세 번, 소백산에 오릅니다. 제가 담당하는 '과학문화워크숍'이 해마다 소백산 꼭대기에 위치한 천문대에서 열리기 때문이죠. 소백산 천문대는 접근이 쉽지 않습니다. 꼬불꼬불한 산간 도로를 한참이나 운전해 소백산 중턱 죽령휴게소에 도착하면, 차는 두고 천문대 차량으로 갈아탑니다. 거기서도 가파른 비포장도로를 20분 이상 더 올라가야만 천문대가 나옵니다. 걸어서 올라간다면 꼬박 반나절은 걸릴 거리죠. 집에서 출발해 천문대까지 가는 데만 네 시간이 넘게 걸리지만, 매번 소백산에 오를 때면 설렘이 앞섭니다. 바로 다음 날 정상에서 맞이할 아침 때문입니다.

소백산 천문대는 해발 1,390미터 지점에 자리해 기온이 산 아래보다 7~8도가량 낮습니다. 여름에도 아침 공기는 서늘할 정도로 선선해서, 아직 눈가에 걸린 잠을 순식간에 날려줍니

소백산 천문대 마당에서 본
아침 풍경

다. 천문대 앞마당에 나가 주변을 돌아봅니다. 밤새 어스름히 깔렸던 안개가 서서히 물러나면서 주변이 온통 밝은 빛으로 차오르는 순간, 숨을 깊게 들이마십니다. 아침 이슬을 머금은 차갑고 신선한 산 공기가 폐 속 깊이 스며들면, 몸이 훨씬 가벼워지는 듯합니다. 이 숨 한 번만으로도 몇 시간을 들여 힘들게 이곳에 올라온 수고로움이 모두 잊히고, 다시금 복작복작한 세상을 살아갈 힘이 납니다. 그저 숨 몇 번 들이켰을 뿐인데, 왜 이리 기분이 좋아지는 걸까요?

산소는 짙은 곳에서 엷은 곳으로 흐른다

인간은 누구나 살아가기 위해 산소가 꼭 필요합니다. 그래서 우리의 폐는 태어나서 죽을 때까지 잠시도 쉬지 않고 호흡을 통해 끊임없이 공기 중 산소를 몸 안으로 받아들이고, 대사 과정에서 발생한 이산화탄소를 몸 밖으로 배출하지요. 사람의 폐는 가슴 대부분을 차지하는 큰 기관으로, 부피는 4~6리터에 달하지만 질량은 약 1킬로그램 내외로 크기에 비해서는 상대적으로 가볍습니다. 애초에 내부에 공기를 가득 머금고 있기 때문이죠. 보통 성인 기준으로 폐에 들어 있는 공기의 양은 3리터 이상이며, 한 번 숨을 쉴 때마다 약 500밀리리터의 공기가 몸 안팎으로 움직이면서 기체가 교환됩니다.

사람의 폐에서 산소와 이산화탄소 사이의 기체교환을 담당하는 곳은 폐의 가장 기본 조직인 폐포(허파꽈리)입니다. 폐포는 말 그대로 폐를 구성하는 아주 작고 얇은 주머니로, 폐에는 좌우 각각 약 3억 개의 폐포가 있습니다. 이렇게 작은 크기의 수많은 폐포는 폐의 표면적을 비약적으로 늘려 공기와의 접촉면을 증가시킴으로써 기체교환을 용이하게 하지요. 숨을 깊게 들이마시면 외부의 공기가 폐 속으로 들어오며, 폐포와 만나 내·외부의 기체교환이 이루어집니다. 원리는 아주 간단합니다. 농도 차에 따른 확산에 의해 이루어지니까요. 마치 물이 높은 곳에서 낮은 곳으로 흐르고, 열이 뜨거운 쪽에서 차가운 쪽으로 흘러가는 것처럼 말이죠.

우리가 숨 쉬는 지구의 대기 중 산소 농도는 평균 21퍼센트, 이산화탄소는 0.03퍼센트로 거의 일정합니다(최근에는 화석연료의 대량 사용으로 대기 중 이산화탄소 농도가 올라갔다고 하지만, 그래도 0.04퍼센트 정도입니다). 그런데 폐포 안쪽에 들어 있는 공기의 경우, 산소의 양은 이보다 낮고 이산화탄소의 양은 이보다 높습니다. 대사 활동 중에 산소를 사용했고, 그 결과 이산화탄소가 만들어졌으니 말이죠. 모든 것은 많은 쪽에서 적은 쪽으로 이동합니다. 이에 따라 산소는 폐포 밖에서 안으로 확산되며, 반대로 이산화탄소는 폐포 안에서 밖으로 배출됩니다. 그래서 들숨 속에 포함된 산소와 이산화탄소의 비율은 대기 중 조성비(산소 21퍼센트, 이산화탄소 0.03퍼센트)와 같지만, 날숨 속에 포함된 비율은 각각 16퍼센트와 3.5퍼센트로 변합니다.

한 번 내쉬는 공기의 양은 약 500밀리리터로 이 정도 차이는 주변 공기에 금방 섞여 희석되지만, 밀폐된 공간에 많은 사람이 한데 모여 있는 경우에는 일시적으로 공기의 조성비가 달라질 수도 있습니다. 특히 차 안처럼 좁은 공간에서는 이런 현상이 더 쉽게 일어나는데, 이때 이산화탄소의 농도가 중요합니다. 이산화탄소의 농도가 높아지면 졸음과 두통이 발생하기 때문입니다. 흔히 아이들이 차에 타면 쉽게 잠들고, 겨울철에는 운전 중에 두통이 잘 생기는 것도 모두 밀폐된 차 안의 이산화탄소 농도 상승과 연관이 있습니다.

강철 폐, 소아마비 환자들을 살리다

평소에 폐는 1분당 12~20회 정도 숨을 들이마시고 내뱉으며 체내의 산소와 이산화탄소 농도를 유지합니다. 들숨에 폐 속으로 공기가 들어오고, 날숨에 폐 밖으로 공기가 나갑니다. 들숨에 폐는 부풀어 오르고 날숨에 수축합니다. 그런데 문제는, 폐에는 스스로를 부풀리거나 수축시킬 능력이 없다는 겁니다. 그래서 폐가 아니라 폐를 둘러싼 주변 조직, 즉 갈비뼈와 횡격막(가슴과 배를 나누는 가로막)이 이 역할을 대신합니다.

가슴에 손을 얹고 숨을 깊이 들이마셔보세요. 갈비뼈가 몸 앞쪽으로 올라오는 게 느껴질 겁니다. 감지할 순 없지만, 이때 횡격막은 아래쪽으로 당겨질 거고요. 이렇게 횡격막이 아래쪽으로 내려가고 갈비뼈가 올라오면, 흉강 내부의 부피가 커지면서 상대적으로 몸 안쪽의 압력이 낮아져 외부 공기가 안으로 들어옵니다. 공기는 고기압에서 저기압 쪽으로, 양압에서 음압 쪽으로 흘러가니 말이죠. 반대로 숨을 내쉴 때는 갈비뼈가 내려가고 횡격막이 가슴 쪽으로 올라와 흉강 내부의 부피가 줄어듭니다. 그럼 마치 젖은 스펀지를 쥐어짜듯 폐 속의 공기가 빠져나갑니다. 이처럼 들숨과 날숨을 일으키는 물리적 움직임은 폐가 아니라, 갈비뼈와 횡격막 그리고 이들을 움직이는 근육들이 담당합니다.

1952년, 제2차 세계대전 이후 부흥기를 구가하던 미국에 비극이 불어닥칩니다. 바로 폴리오바이러스의 대유행이었지요. 폴리오바이러스는 오염된 물을 통해 감염되는 바이러스의 일종으로, 체내에 들어오면 척수를 비롯한 신경에 염증을 일으킵니다. 보통은 큰 문제 없이 회복되지만, 일부는 신경이 치명적으로 손상되고 근육이 위축되어 해당 부위가 마비되는 심각한 후유증이 남습니다. 주로 어린아이들이 많이 감염되고 후유증으로 신체 마비가 온다고 하여, 폴리오바이러스 감염증을 '소아마비'*라고도 부릅니다.

1952년 미국에서만 약 6만 명의 아이들이 폴리오바이러스

* 이름은 소아마비지만, 어른도 걸리고 후유증이 남을 수도 있습니다. 1882년생인 미국의 전 대통령 프랭클린 루스벨트는 1921년 소아마비를 진단받고, 마비 증상으로 인해 휠체어를 이용해야 했지요.

에 감염되었고, 그중 상당수가 마비 증세를 겪었습니다. 흔히 소아마비는 다리에 생긴다고 알려졌지만, 다리뿐 아니라 신경이 있는 곳이면 어디든 마비될 수 있습니다. 그중에서도 가장 심각한 증상이 바로 호흡을 담당하는 부위에 일어나는 마비였습니다. 호흡을 담당하는 신경과 근육이 마비되면 숨을 쉴 수 없게 됩니다. 이런 경우, 산소호흡기도 소용이 없습니다. 아무리 산소를 많이 넣어주더라도 폐가 빨아들이지 못하니까요. 이 아이들을 살리기 위해서는 호흡근을 대신해 폐를 움직여줄 장치가 필요했습니다.

그래서 의료진들은 아이들을 위해 커다란 철제 상자를 개발했습니다. 흔히 강철 폐iron lung라 불리는 이 상자는 전체가 밀폐되어 있으며, 환자는 이 안에 들어가 목만 밖으로 내놓게 되어 있습니다. 강철 상자에 펌프를 연결한 다음 내부 공기를 빼내 상자 내부를 음압으로 만들어주면, 환자의 몸이 부풀어 오르고 공기가 코와 입을 통해 폐로 들어옵니다. 숨을 내쉬고 싶을 때는 펌프를 반대로 작동하면 되지요. 강철 폐의 정식 명칭은 '인공 음압 호흡기'로, 환자의 갈비뼈와 횡격막이 하던 일을 더 커다란 강철 폐가 대신하게 만든 것입니다. 상자에 갇혀 있어야 하는 점은 매우 불편하지만, 환자가 숨을 쉬지 못해 사망하는 일은 막아줄 수 있었습니다. 심지어 최근에 사망한

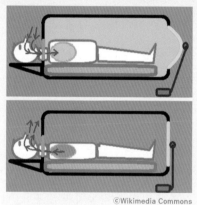

©Wikimedia Commons

1952년 당시 병원에서 사용되었던 강철 폐(위)와
강철 폐의 작동 원리(아래)

조금씩 몸을 바꾸며 살아갑니다

미국의 변호사 폴 알렉산더는 1954년부터 2024년까지 무려 70년간 강철 폐에 의존해 살아오기도 했답니다.[*]

다행히도 조너스 소크Jonas Salk 박사에 의해 소아마비를 예방할 수 있는 백신이 개발되어 1955년부터 소크백신이 보급되었으며, 1961년 앨버트 세이빈Albert Sabin이 개발한 경구용 소아마비 백신도 상용화되기 시작했습니다. 소크백신은 주사 형태의 사백신, 세이빈백신은 경구용 약물 형태의 생백신으로 둘 다 폴리오바이러스 감염증을 막는 작용을 하지만 제조 방식이 다릅니다. 소아마비 환자의 수가 급감하면서 강철 폐의 수요도 거의 없어져, 이 덩치 큰 기계 역시 역사의 뒤안길로 사라지는 듯했습니다.

피를 돌리다, 산소를 돌리다

강철 폐는 폐의 물리적 움직임을 도와주는 장치입니다. 최근에는 산소의 농도를 늘려 숨을 편하게 쉬게 해주는 산소호흡기나, 기관지에 관을 넣어 직접 산소를 공급하는 인

---

[*] 마지막 강철 폐 소아마비 생존자 https://www.youtube.com/watch?v=gplA6pq9cOs&embeds_euri=https%3A%2F%2Fotterletter.com%2Firon-lung%2F&source_ve_path=MjM4NTE&feature=emb_title

공호흡기를 더 많이 사용합니다. 방식이야 어떻든 폐의 기본 기능인 기체교환 자체에는 문제가 없어야 합니다. 하지만 급작스럽게 폐렴이나 혹은 다른 이유로 폐포가 심하게 망가지면, 아무리 인위적으로 공기를 불어 넣는다고 해도 폐가 산소를 받아들일 수 없어 무용지물이 됩니다. 그럴 때는 폐 자체의 기능을 대신할 수 있는 인공 폐가 필요하지요.

임상에서 인공 폐의 역할을 담당하는 것 중 하나가 에크모 Extra Corporeal Membrane Oxygenator, ECMO로, 우리말로는 체외막 산소 공급기*입니다. 말 그대로 '몸 밖에서 막을 통해 산소를 혈관 속에 직접 넣어주는 장치'죠. 환자의 정맥에서 추출한 혈액이 에크모 본체 안에 든 여러 겹의 막membrane을 통과하면서, 이산화탄소는 제거되고 산소가 주입된 뒤 다시 환자의 동맥을 통해 몸속으로 유입됩니다. 우리 몸에서 폐와 심장이 협동해 하는 일을 에크모가 대신해주는 셈이죠.

에크모 장치가 처음 임상에서 사용된 것은 1972년이지만, 초기에는 혈전 생성, 혈장 누출, 용혈 등의 치명적인 부작용이 발생해 지속적으로 사용되진 못했지요. 에크모의 사용 빈도가 늘어난 것은 2009년부터로, 부작용을 최소화할 수 있는

* 정재승, 「Extracorporeal Membrane Oxygenation — 과거, 현재 그리고 미래」, 『대한내과학회지』 88(6), 2015, 651~657쪽.

다양한 장치가 개발된 이후였습니다. 이제 에크모는 개선을 거듭해 헬기 등의 운송 수단에서도 사용할 수 있도록 소형화되고, 항응고제가 필요 없게끔 개량화되는가 하면, 장치와 센서를 전자동화하는 등 널리 보급되어 누구나 쓸 수 있도록 개발 중입니다.

에크모는 다양한 분야에서 폐 대신 활용되기도 합니다. 장기이식에서는 기증자와 수혜사의 면역학적 적합도도 중요하지만, 무엇보다 시간이 중요합니다. 사망 후 장기를 이식 가능한 상태로 보관할 수 있는 시간은 극히 제한적입니다. 그래서 장기 기증을 신청했더라도 면역학적 적합도가 맞는 수혜자가 없을 수도 있고, 설사 수혜자가 정해지더라도 이식 가능한 시간까지 병원에 도착해 수술 준비를 마칠 수 없다면 기증자가 기증한 소중한 장기를 쓸 수 없게 됩니다. 반면 에크모는 사망 후에도 계속해 기증자의 심폐기능을 유지시켜줌으로써, 목숨과도 같은 장기를 꼭 필요한 이들에게 이식할 시간을 벌어줍니다. 뿐만 아니라 인공 자궁과 에크모를 연결하면, 지나치게 빨리 태어난 태아가 스스로 생존 가능한 시기까지 시간을 벌 수도 있습니다.

프린터로 찍어내는 인공 폐?

지난 2021년, 국내 한 연구진이 바이오프린팅 기술을 이용해 폐포를 복제한 인공 폐 생성에 처음으로 성공했다는 보고*가 사람들의 관심을 끌었습니다. 폐포는 폐의 가장 기본 단위이자 기체교환을 담당하는 핵심 부위입니다. 폐포 벽은 상피층-기저막-모세혈관의 세 개 층으로 구성되어 있지만, 기체가 자유로이 통과할 수 있도록 그 두께는 10마이크로미터(μm)가량으로 매우 얇습니다. 이렇게 복잡하고 매우 얇은 폐포를 재현하기란 쉽지 않은 일이었습니다. 그런데 연구진들은 세포나 조직을 한 층 한 층 쌓아 올리는 바이오프린팅 기술을 사용해, 이 폐포 조직을 그대로 복제하는 데 성공했다고 합니다.

물론 폐포 조직을 복제해 인공적으로 만들어낸 것이 당장 폐 전체를 프린터로 찍어낼 수 있다는 뜻은 아닙니다. 다만 이 기술을 통해 폐포를 대량으로 생산해낼 수 있다면 사람의 폐를 공격하는 다양한 바이러스나 오염 물질을 주입해 폐포의 손상 정도 및 손상 기전을 정확히 파악할 수 있고, 이에 대응

---

* Dayoon Kang et al., "All-Inkjet-Printed 3D Alveolar Barrier Model with Physiologically Relevant Microarchitecture," *Advanced Science* 8(10), 2021.

조금씩 몸을 바꾸며 살아갑니다

하는 백신이나 치료제의 안전성 및 유용성을 검증하는 데도 널리 쓰일 수 있다고 하니 사람의 폐 질환 연구에 획기적인 전환점이 되리라 여겨집니다.

인간은 태어나면서 처음으로 숨을 쉬고, 죽을 때까지 비교적 고르게 숨결을 유지합니다. 최근에는 매연에, 미세먼지에, 환경오염 물질에다 바이러스까지, 우리를 제대로 숨 쉬지 못하게 하는 것들이 도처에 널려 있습니다. 이젠 어디서든 마스크를 쓰는 것이 이상하지 않고, 지리산이나 알프스의 맑은 공기를 압축 캔에 담아 파는 시대가 되었습니다. 한때 물을 사먹는 것에 낯설어하던 이들이 불과 몇 년 만에 플라스틱병에 담긴 생수를 사 마시는 것을 전혀 꺼리지 않게 되었듯, 공기를 대하는 태도마저 그렇게 변하지 않을까 우려될 정도입니다.

모두가 깨끗하고 맑은 공기를 충분히 양껏 들이켤 수 있는 세상은 우리 스스로 만들어가야겠지만, 그 전에 공기를 품는 폐를 좀더 살피고 아껴주는 것은 어떨까요?

9장

피를 걸러내다

—

신장

생명체들은 어떻게 삼투현상에 적응했을까

소금물에 절여 만든 오이지와 마른미역을 물에 불려 끓인 미역국의 공통점은 뭘까요? 바로 삼투현상을 이용하여 식재료를 가공했다는 점입니다. 물론 물의 이동 방향은 반대이지만 말입니다. 삼투현상이란 반투과성 막을 경계로 농도가 다른 용액이 존재하는 경우, 묽은 쪽에서 진한 쪽으로 용매(대개 물)가 이동하는 현상입니다. 이때 반투과성 막에 걸리는 압력을 삼투압이라고 하지요.

오이와 미역이 소금에 절여지거나 물에 불어나는 게 가능한 것은, 생물체의 세포를 구성하는 세포막이 바로 삼투압을 발생시키는 반투과성 막이기 때문입니다. 그래서 소금에 닿으면 물이 세포에서 빠져나가 쪼글쪼글해지고, 맹물 속에서는 물기를 머금고 빵빵하게 부풀어 오르는 것이죠. 이처럼 물속에서 살아가는 생명체들은 늘 삼투압 스트레스를 받을 수

밖에 없습니다. 그럼 물고기들은 어떻게 삼투압을 이겨내고 살아가는 걸까요?

생물체의 다양성은 여기서도 드러납니다. 삼투압을 받는 생물들은 모두 같은 환경에 놓여 있다고 해도, 저마다 다른 방식으로 이를 이겨냅니다. 먼저 상어나 가오리, 홍어 등 바다에 사는 연골어류를 볼까요? 이 연골어류들은 먹이 속에 든 단백질을 소화시키는 과정에서 생성되는 분해 산물인 요소를, 몸 밖으로 배출하지 않고 다시 흡수해 체액의 농도를 진하게 만듭니다. 언제까지? 바로 체액의 농도가 바닷물의 농도와 같아질 때까지 말이죠. 농도가 같다면 삼투현상이 일어나지 않아 삼투압이 0이 되니까요. 그래서 이들의 몸에는 다른 동물들에 비해 요소가 많습니다. 삭힌 홍어의 톡 쏘는 암모니아 냄새는 애초에 암모니아의 전구물질인 요소가 홍어에 많이 들어 있기 때문에 나는 것입니다. 그러니 삭힌 홍어의 자극적인 맛과 향은, 홍어가 진화 과정에서 삼투현상에 적응한 결과로 인간이 얻게 된 뜻밖의 선물인 거죠.

연골어류가 체액의 염분 농도(이하 체액 염도)를 주변 환경과 동일하게 맞추는 방식으로 바닷속 생활을 버텨온 데 반해, 물고기의 대다수를 차지하는 경골어류는 주변 환경에 상관없이 늘 체액의 염도를 1.5퍼센트로 유지하며 살아갑니다. 마치 사람이 주변 기온에 상관없이 늘 체온을 섭씨 36.5도 내외로 유지하는 항온동물인 것처럼, 경골어류는 항상 일정하게 체액 염도를 유지하는 항삼투성 동물인 셈이죠. 사람이 체온을 유지하기 위해 날이 추워지면 모공을 막고 몸을 떨어 열을 내며, 날이 더워지면 땀을 내어 체온을 식히는 것처럼 물고기들 역시 체액의 염도를 유지하기 위한 대응 체계를 갖추고 있습니다.

먼저 민물에 사는 물고기들을 봅시다. 민물의 염도는 물고기의 체액보다 묽습니다. 그대로 두면 민물고기들은 삼투압에 의해 몸속으로 물이 밀려들어 빵빵하게 부풀어 오를 겁니다. 물에 불린 마른미역처럼 말이죠. 그래서 민물고기들은 밀려드는 물을 재빠르게 퍼내는 시스템이 발달되어 있습니다. 몸 안으로 스며들어 오는 물의 양만큼 소변량을 늘려 균형을 맞추는 것이죠. 사실 민물고기는 엄청난 오줌싸개랍니다.

반면 바다에 사는 물고기들은 반대의 경우에 놓입니다. 바닷물의 평균 염도는 3.5퍼센트라, 1.5퍼센트 정도인 물고기의 체액 염도보다 높습니다. 가만두면 바닷물고기의 몸에서는 수분이 끊임없이 빠져나갈 테지요. 이에 바닷물고기들은 물을 보충하기 위해 바닷물을 계속 마실 수밖에 없습니다. 다만 바닷물은 짠물이라 그대로 흡수하면 체액 염도의 균형이 깨집니다. 그래서 이들은 바닷물을 섭취하여 수분만 보충한 뒤, 여분의 염분은 아가미에 위치한 염분 배출 펌프를 통해 몸 밖으로 빼냅니다. 다시 말해 남아도는 염분을 고효율 염분 펌프를 이용해 계속해서 퍼내는 것이죠.

그런데 모든 바다 생물이 이런 고효율 염분 펌프를 갖춘 것은 아닙니다. 바다뱀 중에는 평생 바다에 살면서도 염분 펌프가 없기에 바닷물을 마실 수 없는 종류가 있습니다. 그럼에도 불구하고 민물에서는 살 수가 없어요. 그래서 이들은 몸을 단단한 비늘로 감싸 세포막이 바닷물에 직접 닿지 않도록 하여 체내 수분의 유출을 막고, 비가 내릴 때마다 해수면 위로 올라가 빗물을 양껏 마시는 것으로 체액 염도를 유지한답니다.

그럼 강과 바다가 만나는 하구에 사는 물고기들은 어떨까요? 기수어라 불리는 이들은 두 가지 삼투 전략을 동시에 사용합니다. 환경에 따라 재빠르게 대응 방식을 변화시키는 적응력 '만렙'의 물고기라 할 수 있지요.

사람은 어떻게 물을 지킬까

인간은 공기 중에 살지만, 우리 역시도 물을 품는 것이 중요합니다. 잘 알려져 있듯 인간의 몸에서 가장 많은 비중을 차지하는 물질은 '물'입니다. 사람에 따라 다르지만, 대개 몸 전체의 70퍼센트 정도가 물이거든요. 비단 사람만이 아니라 다른 생물들 역시 몸의 대부분을 차지하는 물질은 물입니다.

물은 아주 좋은 용매입니다. 용매란 무언가를 녹여서 가지고 있을 수 있는 물질을 의미하죠. 여러분도 알다시피 물은 다양한 물질을 녹일 수 있기에 생명 활동에 필요한 수많은 물질을 한데 섞어 이들끼리 반응이 일어나는 바탕을 제공합니다. 이러한 물의 포용력은 체내에서 산소와 영양분을 운반하고, 노폐물을 제거하는 데 필수적인 다양한 분자와 세포가 원활하게 작동하게끔 합니다. 몸이 늘 최적의 상태를 유지하도록 하는 거죠. 게다가 물은 비열*이 높아 체온을 유지하는 데 도움을 주고, 적절한 혈압을 지키며, 소화관의 활동이 순조롭게 진행되도록 돕는 역할도 하지요. 그래서 우리는 물을 마시지 않고는 살아갈 수 없습니다.

물이 생명체에게 꼭 필요하다고 해서 반드시 물 자체를 마셔야만 살 수 있는 것은 아닙니다. 어떤 생명체들은 평생 물 한 방울 마시지 않고도 살 수 있어요. 물을 안 마시고도 살아가는 가장 좋은 방법은 물이 잔뜩 든 먹이를 먹는 겁니다. 토

---

* 물질의 온도를 섭씨 1도 높이는 데 필요한 열량. 물의 비열을 1로 잡았을 때, 철은 0.107, 금은 0.0309, 유리는 0.2다.

끼는 야생에서 거의 물을 마시지 않습니다. 이들이 좋아하는 먹이는 물기를 잔뜩 머금은 식물의 부드러운 잎이나 줄기입니다. 그 속에는 이미 물이 많이 들어 있어 먹이만으로도 충분한 수분을 흡수하기 때문에 따로 물을 마실 필요가 없습니다. 그래서 토끼를 기를 때는 생채소를 충분히 먹이면 물을 따로 주지 않아도 괜찮습니다. 다만 바짝 마른 사료를 주 먹이로 준다면 반드시 물을 보충해주어야겠죠.

꼭 먹어서만 물을 섭취할 수 있는 것도 아닙니다. 양서류인 개구리는 흥미롭게도 피부로 물과 염류를 흡수할 수 있습니다. 그러니 물속에서 유유자적 헤엄치는 개구리는 수영을 즐기는 동시에 갈증도 해결하는 셈이죠. 그런데 피부를 이루는 상피세포는 수명을 다하면 각질이 되어 몸의 가장 바깥쪽에 쌓이게 됩니다. 물론 죽은 세포만큼 안쪽에서 상피세포가 보충되므로 피부가 얇아지진 않지만, 시간이 지날수록 각질화된 세포가 두꺼워질 수 있습니다.

문제는, 피부로 물을 흡수하는 개구리에게 각질이 쌓인다는 것은, 체내에 물을 공급하는 통로가 이물질로 막히게 된다는 점을 의미합니다. 물을 제대로 공급받을 수 없다면 살아갈 수 없습니다. 이때 개구리가 선택한 방법은 뭘까요? 바로 허물을 벗는 것입니다. 개구리는 각질이 쌓여 피부로 물을 흡수

조금씩 몸을 바꾸며 살아갑니다

미국 캘리포니아 퍼시픽 그로브 박물관에 전시된 캥거루쥐

하기 어려워지면, 마치 헌 옷을 벗어버리듯 허물을 벗고 투과성 좋은 새 피부로 갈아입지요.

그런데 세상에는 물이 없는 곳에서 평생 살면서, 물이 거의 들어 있지 않은 바짝 마른 먹이만을 먹고도 살아가는 동물들이 있습니다. 가장 대표적인 동물이 캥거루쥐입니다. 몸무게 100그램에 불과한 이 작은 설치류는 건조한 지대에 살며 주로 마른 씨앗을 먹고 삽니다. 이들이 주로 먹는 씨앗의 수분 함량은 10퍼센트도 채 안 되기에, 먹이에 든 수분만으로는 충분한 양의 물을 얻을 수 없는 것이 분명해 보입니다. 그런데 이들은 바짝 마른 먹이를 먹고 살면서도 좀처럼 물을 마시지 않는 데다 아주 건강하고 튼튼하기까지 합니다. 비밀은 화학에 숨어 있습니다.

보통 생명체가 살아가는 데 꼭 필요한 영양소로 탄수화물, 지방, 단백질을 꼽습니다. 그중 탄수화물炭水化物의 화학식은 $C_m(H_2O)_n$으로 표현됩니다. 예를 들어 포도당의 화학식은 $C_6H_{12}O_6$인데, 숫자를 약분하면 CH_2O가 되지요. '탄소[C]와 물[H_2O]이 합쳐진[化] 물질[物]'이라는 이름에 걸맞게 물이 풍부하게 들어 있습니다. 그러니 탄수화물이 소화 과정을 통해 분해되면서 탄소가 떨어져 나가면, 자연스럽게 물이 만들어집니다. 과학자들이 계산한 결과, 순수한 탄수화물 100그램을 소화시키면 55.6밀리리터의 물이 나온다고 합니다. 비슷하게 지방과 단백질 역시 소화되면 물이 생성됩니다. 특히나 지방은 100그램이 분해될 때 무려 107밀리리터의 물이 만들어지지요. 물과 기름은 섞이지 않는다던데, 지방 속에 이렇게 많은 물이 숨어 있다니 신기할 따름입니다. 즉, 캥거루쥐는 먹이를 소화시키는 과정에서 만들어지는 물을 이용해 살아가는 것이죠.

이렇게 여러 가지 방법으로 물을 얻을 수 있지만, 생명체의 몸은 물을 늘 필요로 하기에 세심하게 아껴 써야 합니다. 하지

조금씩 몸을 바꾸며 살아갑니다

만 아무리 아끼고 절약해도 쓰레기가 나오는 것처럼, 우리 몸도 살기 위해서는 매번 일정량의 물을 '반드시' 버려야만 합니다. 가장 중요한 이유는 단백질 때문입니다. 단백질은 우리 몸에서 물 다음으로 가장 많은 양(약 16퍼센트)을 차지하며 가장 많은 역할을 수행하는 중요한 물질이지만, 아이러니하게도 소화 과정에서 가장 부담이 되는 물질이기도 합니다. 왜냐고요? 단백질에는 질소N가 들어 있는데, 질소는 소화 과정에서 필연적으로 암모니아NH$_3$ 상태를 거치기 때문이죠. 암모니아는 강알칼리성이라, 세포막을 녹여 흐물흐물하게 만들고 체액의 pH 균형을 깨뜨려 몸 전체의 신진대사를 엉망으로 만들어버리는 맹독성 물질입니다. 그래서 그대로 내버려 두면 매우 위험합니다.

이때 간이 출동합니다. 단백질의 소화 과정에서 암모니아가 생성되는 즉시, 여기에 이산화탄소를 더해 독성이 덜한 요소CO(NH$_2$)$_2$로 변환시키죠〔2NH$_3$+CO$_2$ → CO(NH$_2$)$_2$+H$_2$O〕. 간이 수행하는 해독 작용 중 하나가 바로 이 독성 암모니아를 덜 독한 요소로 바꾸어주는 것입니다. 하지만 요소가 암모니아에 비해 독성이 약하기는 해도, 어디까지나 덜하다는 거지 안전한 것은 아닙니다. 암모니아를 요소로 바꾸는 것은 약간의 시간을 벌어줄 뿐이죠. 신장에서 요소를 몸 밖으로 제거할 시간 말입니다.

신장은 요소를 물에 섞어서 몸 밖으로 내보냅니다. 앞서 언급한 '먹이에서 물 짜내기 챔피언'인 캥거루쥐가 유일하게 항복하는 먹이가 바로 마른 콩입니다. 콩은 '밭에서 나는 고기'라는 별명이 붙을 정도로 단백질 함유량이 풍부한 고단백 음식입니다. 물기 없이 바싹 마른 콩은 단백질 함량이 40퍼센트가량에 이르죠. 물을 마시지 않는 캥거루쥐가 콩을 많이 먹게 되면 요소의 발생량이 늘어나고, 요소를 배출하기 위해 소변량이 늘기 때문에 추가로 물을 공급하지 않으면 결국 탈수로 죽게 됩니다.

혈액의 정화 처리장

여기서 신장의 역할을 좀더 자세히 알아볼까요? 신장은 혈액 속 노폐물을 골라 버리는 혈액의 정화 처리장입니다. 흔히 신장은 체내의 노폐물을 걸러내는 일종의 생물학적 필터 역할을 한다고 여겨지기에 마치 체로 자갈을 걸러내듯 쉽게 일어나는 것 같지만, 실제로는 그렇게 쉬운 일이 아닙니다. 애초에 혈액 속에서 걸러내야 할 물질이 자갈처럼 무거운 것도 아니고, 그렇다고 베주머니에 약재를 넣고 쥐어짜듯 할

조금씩 몸을 바꾸며 살아갑니다

수도 없는 노릇이니까요. 그럼 신장은 어떻게 노폐물을 걸러내는 걸까요?

신장에서 노폐물을 걸러내는 곳을 사구체라고 합니다. 사구체는 아주 가는 모세혈관 덩어리입니다. 지름이 약 0.1~0.2밀리미터이며, 사람의 신장 하나에만도 약 100만 개의 사구체가 존재하지요. 사구체로 들어가는 혈관의 지름은 사구체에서 나가는 지름보다 조금 더 크며, 그 사이는 매우 꼬불꼬불하게 꼬여 있습니다. 입구는 넓고 출구는 좁은 데다 가늘고 꼬불꼬불한 연결 통로로 계속해서 뭔가가 흘러들어 오면 어떤 일이 일어날까요?

자연히 이 통로에 압력이 걸릴 수밖에 없지요. 그리고 바로 이 압력이 혈액 속 노폐물을 걸러내는 원동력이 됩니다. 뭔가를 걸러내야 하므로, 사구체의 혈관 벽은 다른 모세혈관보다 100배 정도 투과성이 큽니다. 보통의 혈관은 혈관 내 수분이 밖으로 빠져나가지 않지만, 사구체의 혈관 벽은 좀더 투과성이 강해 물을 쉽게 통과시키지요. 즉 사구체 내의 높은 압력으로 인해 혈관 벽의 틈으로 물과 요소, 무기염류, 심지어 아미노산에다 포도당까지, 즉 혈액 속에 든 적혈구나 단백질을 제외하고는 거의 대부분이 밀려 나갑니다. 적혈구나 단백질은 크기가 커서 사구체 혈관 벽의 좁은 틈새로는 잘 빠지지 않거든요. 그래서 소변에서 단백질이 검출되는 단백뇨는 신장 질환의 증거가 됩니다. 애초에 단백질이 빠져나갈 만큼 사구체의 틈이 넓지 않은데도 단백질이 흘러나온다면, 어디엔가 구멍이 나서 샌다는 뜻이니까요.

신장은 이런 방식으로 체내의 노폐물, 특히 요소를 걸러냅니다. 하지만 생각보다는 허술해서, 요소 외에도 다른 물질을 너무 많이 걸러내버립니다. 사람의 경우, 신장은 매일 약 200리터의 혈액을 걸러냅니다. 성인의 전체 혈액량이 평균 5리터에 불과한 것을 감안하면, 신장은 매일 혈액 전체를 40번쯤 걸러내는 셈이죠. 이렇게 많이 걸러내는데 매번 이 많은 물을 다 버린다면, 우리는 하루 종일 물을 마시고 내내 소변만 봐야 할 겁니다. 그래서 1차로 사구체에서 걸러진 물질들은 다음 단계인 세뇨관을 지나면서 대부분 재흡수됩니다. 물 외에 포도당이나 염류도 재흡수되는데, 이때 다른 건 몰라도 포도당은 완전히 재흡수되는 것이 원칙이에요('당뇨'란 단어만 보자면, 소변에 포도당이 섞여 있다는 말입니다. 이 당뇨가 '병'인 이유가 바로 신장의 기본 기능이 제대로 수행되지 못하고 있다는 뜻이 되기 때문입니다).

이런 식으로 걸러내기를 몇 차례 반복하면, 소변의 수분은 줄어들고 요소는 농축됩니다. 그 결과 최대로 농축될 수 있는 노폐물의 농도는, 사람의 경우 혈액 농도의 4.2배 정도입니다. 이보다 더 농축되면 좋겠지만, 농도가 진해질수록 삼투압이 커져 체내의 물이 소변으로 빠져나갈 가능성이 크기에 더 이상은 농축될 수 없답니다. 다만 소변이 농축되는 정도는 동물들마다 달라서, 건조한 지역에서 물을 적게 마시며 사는 동물일수록 평균적으로 농축되는 정도가 높아진답니다.

인공신장의 난제와 가능성

보통 신장은 매일매일 200리터의 혈액을 걸러내며 핏속에 남은 노폐물을 물과 함께 몸 밖으로 내보냅니다. 하지만 여러 가지 이유로 신장에 문제가 생겨 제 역할을 다하지 못하면, 몸 안에 독성 찌꺼기들이 쌓여 문제를 일으키지요. 대표적인 것이 요독증尿毒症, uremia 입니다. 초기에는 두통, 입 마름, 무력감, 피로감, 구역질 등의 증상이 나타나다가, 점점 심해지면 점막 출혈, 장내 궤양으로 인한 혈변 등이 나타나고, 결국에는 심장이 멎어 사망하게 되는 무서운 질환입니다. 그래서 신장에 치명적 기능 이상이 생기면 혈액을 인위적으로 걸러 노폐물을 제거해주어야만 합니다.

이를 가리켜 투석dialysis이라고 하지요. 투석기의 역할은 신장의 사구체가 하는 일과 동일합니다. 혈액투석은 환자의 혈관에서 피를 빼낸 뒤, 이를 투석기 속으로 넣습니다. 투석기에는 혈액 속의 요소와 기타 크기가 작은 이물질은 지나갈 수 있지만, 적혈구나 단백질은 투과시킬 수 없는 구멍을 가진 반투과성 막이 존재합니다. 이 막들을 통과해 노폐물이 제거된 혈액은 다시 환자의 혈관으로 되돌아갑니다. 전체 혈액을 투석하는 데 걸리는 시간은 보통 3~5시간이며, 이틀에 1회 혈액투석을 받아야 합니다.

혈액을 전부 뽑아내지 않더라도 투석이 가능한 방법도 있습니다. 몸 안을 들여다보면 배 속의 장기는 복막이라는 일종의 질긴 막으로 둘러싸여 있습니다. 이 복막 안쪽에 카테터catheter를 연결해 투석액을 내부로 주입하지요. 이 투석액은 체내의 이물질을 잘 녹이도록 조성된 물질입니다. 몸속에 약 1~1.5시간 정도 넣어두면 여기에 이물질이 녹아들고, 이를 빼낸 다음 다시 깨끗한 투석액으로 교체해주면서 체내 노폐물을 제거합니다.

이 방식을 이용하면 신장이 완전히 망가져 기능이 0이 되더라도 상당 기간 생존 가능합니다. 즉 신장이 하는 주된 역할(체액의 노폐물을 걸러내는 역할)을 어느 정도 수행할 수 있다는 거죠. 다만 혈액투석이든 복막투석이든 사용되는 기기가 매우 크고 복잡하기에, 투석을 받는 동안 환자들은 움직임이 제한되어 항상 기계 옆에 머물러야 합니다. 또한 혈관과 복막에 구멍을 뚫어 체액 전체를 순환시켜야 하는 만큼, 감염의 위험도 늘 존재하고요. 따라서 인공신장의 가장 큰 난제는 이 필터들을 체내에 이식 가능할 만큼 작게 만드는 것입니다. 2021년, 미국 UCSF의 과학자들은 체내에 삽입할 수 있게끔 소형화한 인공신장을 개발해 동물실험*에 들어갔습니다. 이 실험이 성공하여 보급된다면, 지금도 해마다 국내에서만 1만 5,000여 명 이상씩 발병하는 만성 신부전 환자들의 삶에 커다란 빛이 될 것입니다.

의외의 곳에서 희망을 보다

2021년 7월 20일, 아마존의 창업자이자 억만장자 제프 베이조스Jeff Bezos는 자신의 우주 탐사 기업 블루오리진에서 만든 뉴 셰퍼드 로켓을 타고 약 10여 분간 지구 상공에 올랐다가 무사히 착륙하는 데 성공했습니다. 비행기를 타고

---

* Michael Irving, "Bioartificial kidney prototype aces lab tests, could replace dialysis," *New Atlas*, 2021. 9. 14. https://newatlas.com/medical/bioartificial-kidney-prototype-tests/

지구 상공을 열 시간씩 누빌 수도 있는 시대에 겨우 10분 동안의 여행이 이토록 각광받는 것은 무엇 때문일까요? 그건 뉴 셰퍼드 로켓이 지구와 우주를 가르는 경계선인 카르만 라인을 넘어 지구 상공 107킬로미터까지 도달했다가 내려왔기 때문입니다. 그야말로 찰나의 순간이었지만, 제프 베이조스를 비롯해 뉴 셰퍼드 로켓에 탑승한 4인은 우주의 문을 살짝 열어보고 돌아온 것이죠. 블루오리진은 앞으로 이 여행 프로그램을 더 확장할 계획이라고 하는데, 진짜 우주 궤도에서 여유롭게 지상을 내려다보는 여행을 즐기기 위해서는 흥미롭게도 아주 효율적이면서 커다란 신장(을 닮은 시스템)이 필요할지 모릅니다.

지난 2008년부터 미 항공우주국NASA은 국제우주정거장 내에 몸을 씻은 물을 포함한 모든 하수와 인간의 몸에서 나오는 소변, 땀, 심지어 입김 속에 든 수분까지 모아서 재활용하는 정수 시스템을 설치한 바 있습니다. 우주 시대에도 우리 몸은 여전히 상당량의 물을 필요로 하지만, 우주로 물을 운반하기란 매우 어려운 일입니다. 물을 외부에서 가져올 수 없다면, 있는 것을 최대한 아끼고 재활용해야겠지요. 그래서 등장한 것이 소변 및 오폐수를 정수하는 시스템입니다. 마찬가지로 중국의 우주정거장인 톈궁天宮에서도 소변을 증류해 순수한 물로 다시 바꾸어 식수로 재활용하는 소변 재활용 장치를 사용하고 있습니다. 소변의 90~95퍼센트는 물입니다. 예를 들어 6리터의 소변을 처리하면 최소 5리터의 식수를 충분히 얻을 수 있지요. 소변으로 마실 물을 만들다니 꺼림칙하다고요? 우리의 신장이 매일 하는 일이 그것인걸요. 혈액을 걸러 소변을 만들고, 그 소변에 포함된 물의 대부분을 다시 흡수하는 일 말입니다.

아주 먼 옛날, 물속에서 살던 동물이 뭍으로 올라오기 전에 노폐물을 걸러내고 물을 재흡수하는 신장을 만들어야 했다면, 본격적인 우주인으로 발돋움하기 전에 우리는 먼저 우주 공간에서 얻기 어려운 물을 재흡수하고 재활용하는 시스템부터 갖춰야 할 것입니다. 그렇게 진화의 역사는 반복되는 법인가 봅니다.

10장

새로운 집에서 태어나다

—

자궁

알에서 태어난 사람들

2022년, 학회가 있어 경주에 다녀왔습니다. 공식 일정을 마치고 시간을 내어 경주 곳곳을 둘러보았습니다. 신라 천년 고도이자 도시 전체가 유적지라는 별칭답게 경주는 발 닿는 곳 어디나 천년의 시간이 한곳에 공존하는 흥미로운 도시였습니다. 경주에 얽힌 이야기는 매우 많지만, 그중에서도 가장 유명한 것이 신라의 시조 박혁거세의 탄생 설화입니다.

어느 날 신라 양산 기슭의 우물인 나정蘿井에 흰말이 엎드려 절을 하더니 길게 울고 하늘로 올라갔다. 말이 올라간 자리에는 자줏빛 알이 있었는데, 이 알에서 사내아이가 태어났다. 아이를 동천의 샘에서 씻기자 몸에서는 빛이 났고, 하늘과 땅이 울렁이며 해와 달이 더욱 밝아졌다. 이에 아이의 이름을 혁거세赫居世라 짓고,

태어난 알의 모양이 커다란 박과 같다고 하여 박朴씨를 성으로 삼았다. 아이는 자라서 왕이 되었으며, 나라의 이름을 서라벌이라 하였다.[*]

사람이 알에서 태어나다니…… 현실적으로 불가능한 일이지만, 설화 속에서는 신라의 시조인 박혁거세 외에도 이러한 '난생설화'를 가진 이들이 적지 않습니다. 고구려의 시조인 주몽, 가락국의 초대 왕인 김수로왕, 신라 석씨 왕조의 시조인 석탈해 등 알에서 태어났다는 전설들이 전해 내려오지요.

아마도 고대인들이 보기에, 하늘의 기운을 받은 신성한 이들은 하늘을 나는 새처럼 알에서 태어났다고 하는 것이 더 그럴듯하게 여겨졌나 봅니다. 하지만 신화 속 인물들과는 달리 현실 속 사람들은 모두 어머니의 몸을 빌려 태어납니다. 겉보기에는 모두 비슷한 출산의 순간일지언정, 그 안에서 일어나는 과정은 다른 경우가 종종 있답니다.

[*] 『삼국유사』, 국사편찬위원회, 한국사 데이터베이스.

물속 생활이 알에서 깨어나게 만들다

최초로 새끼를 낳았던 동물의 기록은 어디까지 거슬러 올라갈까요? 사실 자연계에서 새끼를 낳는 동물의 비율은 적은 편입니다. 포유류를 제외한 대부분의 동물, 즉 조류, 파충류, 양서류를 비롯해 거의 모든 해양 생물과 절지동물이 알을 낳아 번식합니다. 현재까지 과학자들이 알아낸 바에 따르면, 최초로 새끼를 낳은 동물의 증거는 2억 8천만 년 전으로 거슬러 올라갑니다. 지금은 멸종했지만, 당대에 번성한 고대 해양 파충류의 일종인 메소사우루스 암컷이 임신한 채 화석으로 발견된 적이 있거든요. 이 밖에도 몇몇 해양 파충류에게서 새끼를 낳았을 것으로 추정되는 증거들이 나타났습니다.

사실 파충류와 포유류는 모두 양막羊膜, amnion이라는 일종의 주머니 안에서 배아를 키우는 양막 동물입니다. 성체가 되면 사라지지만 유생幼生 시절에는 아직 아가미가 있어 물속에서 자유롭게 살 수 있는 양서류와 달리, 파충류는 새끼 시절에도 폐호흡만 가능하므로 평생을 물속에서 사는 파충류(예를 들어 바다거북)라 하더라도 알은 육지로 올라와 낳습니다. 물속에 알을 낳는다면, 알 속의 새끼들은 숨을 쉴 수 없어 태어나기도 전에 죽어버릴 테니까요.

학자들은 이를 토대로, 새끼를 낳는 습성은 평생을 물에서 사는 해양 파충류들에게서부터 시작되었을 것으로 추측합니다. 알이 아니라 새끼를 낳는다면, 물속에서 출산하더라도 몸을 움직여 수면 위로 떠올라 갓 태어난 개체들이 익사하는 것을 막을 수 있을 테니까요. 지금도 여전히 물속에서 살아가고 번식하는 바다뱀들 중에는 알이 아닌 새끼를 낳는 종류가 많은 것으로 보아, 물속에서 사는 습성과 폐호흡이라는 생물학적 특성은 알 대신 새끼로 태어나게 하는 진화적 압력이었을 겁니다.

이처럼 수생 파충류들은 포유류가 등장하기 훨씬 전부터 새끼를 낳았지만, 태반을 통해 영양을 공급받는 포유류와 달리 애초에 수정란 시절부터 지니고 있던 난황을 에너지원으로 삼아 자라다가 태어납니다. 이런 방식의 새끼 출산을 난태생卵胎生이라고 하지요. 새끼를 낳는 파충류와 어류는 대개 어미의 몸속에서 난태생의 방식으로 태어나긴 하나 생물학에서는 늘 예외가 있는 법이죠. 그 주인공이 바로 해마입니다.

해마는 암컷이 아닌 수컷이 임신과 출산을 하는 것으로 잘 알려져 있습니다. 짝짓기를 한 뒤 암컷이 수정된 알을 수컷의 육아주머니에 넣고 떠나면, 수컷 해마는 종에 따라 최소 열흘에서 최대 6주까지 이 알을 보호합니다. 아빠 몸속에서 무럭무럭 자란 새끼 해마는 알을 깨고 아빠의 몸속을 빠져나옵니

해마의 짝짓기(위)와 임신한 수컷 해마(아래)

다. 알을 낳는 어류답게 수컷 해마의 자그마한 몸은 한 번에 1,000마리가 넘는 아기 해마를 품을 수 있습니다. 어차피 아기 해마들은 각자 매달고 있는 난황에서 영양을 공급받으니 추가로 양분을 제공할 필요는 없지만, 이들도 숨은 쉬어야 합니다. 과학자들이 주목한 점은 이것이었습니다. 수컷 해마는 어떻게 이렇게 많은 아기 해마들에게 골고루 산소를 제공할까요?

과학자들은 임신한 수컷 해마를 면밀히 관찰한 끝에, 알 속의 아기 해마가 성장함에 따라 수컷의 육아주머니가 점점 더 늘어나고 얇아지면서 새로운 혈관들이 돋아난다는 사실을 알게 되었습니다. 마치 포유동물의 태반처럼 말이죠. 이렇게 늘어나고 혈관이 많아진 아빠 해마의 육아주머니는 아기 해마를 낳은 뒤 24시간 내에 원래대로 되돌아갑니다. 마치 임무를 다한 태반이 저절로 떨어지는 것과 마찬가지로요.

태반이 젖이 되어 흐르다, 유대류

호주의 상징적인 동물인 캥거루와 코알라는 분명 새끼를 낳지만, 이들의 출산과 육아는 조금 독특합니다. 유대류 Marsupialia라 불리는 이들에게는 임신 초기 아주 미숙한 새끼를 낳고, 이들을 배에 달린 육아낭에 넣어 젖을 먹이며 데리고

조금씩 몸을 바꾸며 살아갑니다

다니는 습성이 있습니다. 기존에는 이들의 출산 방식에 대해 다음과 같이 생각했습니다. 태반을 만들 수 없기에 배아를 오랫동안 자궁에서 키우는 것이 불가능해 조산早産한 뒤 육아낭에 넣어 임신 후반기를 몸 밖에서 이어간다고요. 그래서 유대류를, 알을 낳는 단공류Monotremata에서 태반 포유류로 진화하는 중간 단계로 보는 시각이 있었지요. 하지만 2017년 미국 스탠퍼드 의대와 호주 멜버른 대학교 연구진에 따르면, 매우 이른 시기에 새끼를 출산하는 유대류에게서도 태반은 만들어진다고 합니다. 그러니 유대류는 태반 없이 새끼를 낳는 중간 단계의 포유류가 아니라, 태반 포유류와는 다른 방식으로 진화한 다른 갈래의 포유류인 거죠. 태반 포유류와 유대류의 태반은 그 기능과 역할은 동일하지만 발현 형태가 다를 뿐입니다.

태반 포유류에게 태반은 임신 기간 내내 영양분을 공급하고 태아를 보호하는 역할을 담당하는, 태아의 가장 든든한 지원군이자 보호자입니다. 그렇기에 출산 이후, 지키고 보호해야 할 태아가 없는 태반은 할 일이 없으므로 자연스럽게 탈락되어 몸 밖으로 배출됩니다. 이를 후산後産이라고 하고요. 하지만 유대류의 경우 태아가 비록 자궁에서 나가 육아낭으로 들어갔다 해도, 여전히 새끼는 상당 기간 어미의 몸에서 떨어지지 않을 것이기에 아직 할 일이 남아 있습니다.

원래 태반을 형성하는 데 기능했던 유전자들은 이제 유대류의 젖샘에서 발현합니다. 다시 말해 젖을 분비하고, 태아의 면역계를 모체의 면역계가 인식하여 공격하지 못하도록 교란시키는 새로운 역할을 맡습니다. 마치 태반이 젖으로 변해 새끼 캥거루를 보호하는 듯한 모양새인 거죠. 그래서 이 분야 연구자들은 유대류의 모유가 일종의 액상 태반liquid placenta처럼 기능한다고 말하기도 합니다.

포유류, 태반을 발달시키다

인간을 비롯한 태반 포유류는 수정란을 모체의 자궁에 착상시켜, 상당 기간 모체의 자원을 지속적으로 제공해 태아를 키운 뒤에 낳는 방식으로 번식합니다. 사람의 경우를 예로 들어볼까요? 난자와 정자가 만나 만들어진 수정란은 처음에는 하나의 공 모양이지만, 세포분열을 거듭해 수정 후 3일 정도가 지나면 마치 산딸기나 포도송이처럼 작은 세포들이 빽빽하게 모인 형태가 됩니다. 옛 과학자들은 이 모습이 뽕나무 열매인 오디와 닮았다 하여, 이 상태의 초기 배아에 오디배 또는 상실배桑實胚, morula라는 이름을 붙여줍니다.

이전까지는 배아를 구성하는 모든 세포의 운명이 동일했다면, 이후에는 서서히 갈리기 시작합니다. 운명을 가르는 것은 이들이 놓인 위치입니다. 하나로 뭉친 세포 덩어리의 가장 바깥쪽에 있는 세포층은 영양 세포막이 되어 태아를 보호하는 태반과 탯줄이 되고, 안쪽 세포들은 태아로 자라나죠. 태반은 장차 태어날 아기의 일부였던 조직으로, 아기가 무사히 성장해 태어날 수 있도록 다양한 기능을 수행합니다.

태반을 만들어 어린 개체를 어미의 몸속에서 키우는 것은, 사실 임신해야 하는 암컷의 입장에서 보면 크나큰 부담입니다. 알을 낳는 경우, 알을 만들어낼 때까지는 자원을 많이 투여하지만, 일단 낳고 나면 어미는 온전히 자신의 몸만 신경 쓰면 됩니다. 하지만 태반 포유류의 경우, 임신 기간 내내 태아에게 필요한 자원을 공급해야 하기에 어미의 입장에서는 지속적인 자원 지출을 감내해야 합니다. 반대로 새끼의 입장에서 본다면, 태반을 통한 산소 및 영양분 공급은 매우 매력적이고 안정적인 자원 유입 구조입니다. 물론 알 속에도 새끼가 자라는 데 필요한 영양분이 듬뿍 든 난황이 존재하지만, 알은 크기가 정해져 있기 마련이라 일정량 이상을 투입할 수 없고 중간에 변수가 생기더라도 추가 지원이 불가능하니까요.

알에서 자라는 것이 한번 저축한 예금을 조금씩 꺼내 쓰며 삶을 꾸려나가는 방식이라면, 태반 포유류는 필요할 때 가불도 가능한 연금을 풍족하게 받으며 생활하는 것과 같습니다. 게다가 알 속 태아를 지켜주는 건 부서지기 쉬운 알껍데기뿐이지만, 모체 속 태아는 모체 그 자체가 커다란 보호막이 되어주니 훨씬 안전하지요. 지속적인 자원 공급과 안전한 보호막을 바탕으로, 어린 개체는 몸을 구성할 매우 복잡한 기관들을 형성해가는 데 충분한 자원과 시간을 확보합니다. 인간의 복잡한 뇌 구조는 266일이라는 시간과, 이 기간 동안 안정적으로 공급되는 자원 및 효과적인 보호가 아니었다면 결코 지금처럼 만들어질 수 없었을 겁니다. 여러모로 '태생胎生'은 어린 개체의 생존을 위해 매우 안정적이고 유리한 번식법입니다.

태반 포유류, 인간의 운명을 넘어서

건강보험심사평가원의 국민 관심 질병 통계에 따르면, 최근 5년간 난임難姙으로 치료받는 이들이 해마다 늘고 있습니다. 2017년 20만 8,703명에서 2021년 25만 2,288명으로 약 20퍼센트 증가했죠. 해마다 출생률이 떨어진다고 하지만, 그 이면에는 아이를 낳고 싶어도 낳지 못해 눈물 흘리는 이들이 많습니다. 난임의 이유는 다양하기에 인공수정, 체외수정 (시험관아기 시술), 난자 내 정자 주입술, 고환 내 정자 추출술 등 난임을 극복하기 위한 다양한 방법이 개발되었고, 이 성과에 힘입어 많은 아이들이 태어났습니다. 특히 1978년 세계 최초로 영국 울드램 병원에서 시험관 시술을 통해 루이즈 브라운이 태어난 이래, 전 세계적으로 800만 명이 넘는 시험관아기가 탄생했고 보조 생식술 시도 대비 성공률도 높아졌습니다. 하지만 자연 임신이든 보조 생식술이든, 태반 포유류인 인류의 특성상 임신을 위해서는 자궁에 큰 문제가 없어야 합니다. 만약 자궁이 없다면, 어떤 방식으로든 임신은 불가합니다.

그래서 처음 생각한 방식이 자궁 이식이었습니다. 타인의 자궁을 이식받아 아이를 낳는다는 발상은 이미 20세기 중반부터 있었지만, 실제 성공한 것은 2014년에 이르러서입니다. 2014년 스웨덴에서 희귀 유전병에 걸려 자궁 없이 태어난 여성이 타인의 자궁을 이식받아 임신했고, 무사히 아이를 출산했습니다. 우리나라의 경우에는 2022년 7월 최초로 자궁 이식이 시도되었지만, 아직 임신 및 출산에 성공한 사례는 없습니다. 하지만 자궁 이식은 지금까지 전 세계에서 100여 건 정도밖에 시도된 적 없는 드문 시술법입니다. 가장 큰 이유는 다른 모든 장기이식과 마찬가지로 이식에 따르는 위험성(면역 거부반응, 면역억제제의 사용으로 인한 면역력 저하 등)은 동일한 반면, 애초에 자궁은 없어도 생명에 지장을 주는 기관이 아니며 윤리적으로는 논란이 있을지언정 대리모를 통한 임신으로 생물학적 친자를 얻을 수 있다는 비교적 안전한(?) 대안이 있기 때문이죠. 그렇기에 자궁 이식은 그리 권장하는 방법이 아닙니다. 오로지 아이를 낳을 목적으로만 자궁을 이식한다는 것은 득보다 실이 더 많다는 의견이 우세한 편이죠.

몸 밖에서 자라는 태아

2017년 미국 필라델피아 아동병원 연구진들이 놀라운 결과를 발표했습니다. 이들은 생존할 수 없는 이른 시기에 조산한 양의 태아를 바이오백biobag이라는 일종의 인공 자궁에 넣어 생존시키는 데 성공했음을 알린 것이죠.

바이오백 내부는 양수와 성분이 비슷한 따뜻한 소금물이 늘 깨끗하게 순환되며, 그 안에 든 양의 태아는 배꼽에 연결된 탯줄을 통해 산소와 영양분을 공급받고 이산화탄소와 노폐물은 배출시켰습니다. 자궁 속 환경을 최대한 재현한 거죠. 바이오백에 든 새끼 양은 4주 동안 무사히 생존했으며, 그사이 건강하게 자라 털이 나고 태동을 보이는 등 주수에 걸맞은 발달 과정을 겪은 것으로 나타났습니다. 즉 생물학적 자궁이 아니더라도 자궁과 비슷한 환경을 만들어주기만 한다면, 그 안에

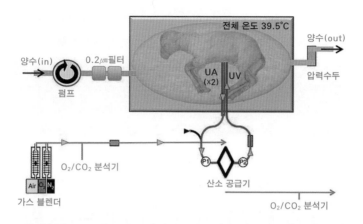

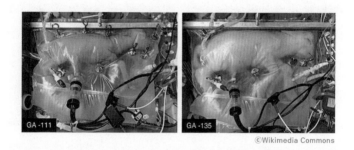

GA -111   GA -135

©Wikimedia Commons

바이오백은 양 태아의 외부를 순환하는 양수 공급 장치,
탯줄과 연결되어 산소와 영양분을 공급하고 이산화탄소와 노폐물을
제거하는 가스 교환기 및 투석기로 구성되어 있으며,
전체 온도는 항상 39.5도를 유지하도록 설계되어 있다(위).

바이오백에서 자라고 있는 새끼 양(아래).

서 충분히 포유류의 태아를 키울 수 있음이 증명된 셈이죠.

　앞선 실험은 임신 중기, 사람으로 치면 임신 20~24주 내외의 태아를 대상으로 한 것이었습니다. 이와 달리 발생 초기 태아의 환경을 대상으로 한 실험도 있었습니다. 2021년 이스라엘 와이즈만 과학연구소는 영양액이 듬뿍 든 채로 회전하는 유리병에 생쥐의 수정란을 넣어 11일간 성장시키는 데 성공했습니다. 생쥐의 임신 기간은 21일이므로 사람으로 치면 임신 22주에 해당하는 시기인데, 이쯤 되면 팔다리가 생기고 순환계와 신경계가 자리 잡아 기능을 하게 됩니다. 그저 영양액 속에 넣고 충분히 흔들어주는 것만으로 수정란을 중기 태아 단계까지 생존시킬 수 있다는 뜻입니다. 이 기술과 앞선 미국의 바이오백 기술을 결합하면, 임신 전체를 대신하는 인공 자궁의 개발도 더 이상 불가능한 꿈만은 아닐 수 있습니다.

　어쩌면 미래에는 꼭 엄마의 몸속이 아니더라도, 인공 자궁에서 엄마 아빠의 눈길을 듬뿍 받으며 출생을 기다리는 일이 가능할지도 모릅니다. 그런 세상에는 난임 부부도 없을 것이고, 달수를 못 채우고 이른둥이로 태어나 인큐베이터에서 힘겹게 숨을 이어가야 하는 아기도 없을 겁니다. 모두가 잘 자랄 때까지 안전한 인공 자궁에서 충분한 보살핌을 받으며 태어날 수 있을 테니까요. 그런 미래는 과연 언제쯤 올까요?

11장

새로운
옷을 입다

—

피부

물샐틈없이 피부를 보호하다

흰색에서 살구색, 갈색에서 검은색까지 다양한 색에, 털이 수북한 곳이 있는가 하면 터럭 하나 없는 곳도 있고, 얇은 곳도 두꺼운 곳도, 보드라운 곳도 단단한 곳도 있는 인체의 기관은 과연 무엇일까요? 짐작대로 '피부'입니다. 피부는 우리 몸의 최외곽에서 몸을 외부와 구분해 안전하게 지켜주는 기관입니다.

성인 기준으로 피부는 평균 무게 5킬로그램, 면적은 1.6~2제곱미터로 신체 기관 중에서 가장 큰 면적을 차지합니다. 바깥쪽부터 표피-진피-피부밑지방층의 3중 구조로 이루어져 있으며, 이 중 표피는 피부 중에서도 가장 얇은 부위지만 최전방답게 납작하고 거칠고 딱딱한 세포들이 벽돌처럼 빽빽하게 쌓여 있어 그야말로 물샐틈없이 몸을 보호하는 역할을 합니다. 표피세포들은 다소 단단한 편이어서 표피가 0.04밀리미터에 불과한 눈꺼풀은 매우 부드럽지만, 가장 두꺼운 (1.5밀리미터에 달하는) 발바닥은 제법 단단합니다. 표피 아래 진피층은 콜라겐 등 질긴 단백질들로 구성되어 있는 탄력적인 조직으로, 표피에 비해 15~40배 두껍습니다. 피부 혈관, 땀샘, 모낭, 피지샘, 신경 말단 등이 분포된 곳이기도 하고요.

진피와 표피는 서로 단단하게 결합되어야 하므로, 피부의 단면을 들여다보면 마치 쐐기처럼 올록볼록한 형태로 꽉 맞물려 있는 것을 볼 수 있지요. 강한 물리적 충격을 받아 진피와 표피가 떨어지면, 혹시나 모를 세균 침입을 막기 위해 인체는 재빨리 그 공간을 림프구(백혈구의 일종)들이 든 림프액으로 채웁니다. 이것이 바로 물집이죠. 그러니 물집이 생겼다고 함부로 터트리는 것은 좋지 않습니다. 가만 놔두면 진피층에서 새로운 표피를 만들면서 서서히 사라지니 조금만 기다려주세요.

피부의 일생

피부는 여러 겹으로 구성되어 있지만, 우리는 가장 바깥쪽의 표피만을 보게 됩니다. 표피를 구성하는 세포는 약 한 달 주기로 전부 교체됩니다. 우리는 한 달에 한 번씩 피부

전체를 갈아입는 셈입니다. 한 달 전 피부와 지금의 피부는 전혀 다른 세포들로 구성된 다른(?) 피부인 것이죠.

팔뚝 혹은 복부를 살짝 집어보세요. 두툼한 살집이 말랑말랑하게 잡힙니다. 하지만 이 모든 것이 피부는 아닙니다. 그중에서도 표피는 매우 얇아서 평균적으로 0.1밀리미터에 불과합니다. 그런데 자세히 관찰해보면, 이 얇은 층이 다시 네 개로 나뉘는 것을 알 수 있습니다.

가장 아래쪽, 그러니까 몸의 안쪽 진피와 맞닿은 표피는 기저층이라고 합니다. 기저층은 장차 각질이 될 각질 형성 세포가 부지런히 만들어지는 곳이죠. 기저층에서 만들어진 각질 형성 세포들은 다음 층인 가시층으로 이동해, 이 세포들을 엮어주는 나사 역할을 하는 데스모솜과 결합하여 그물처럼 촘촘하게 엮입니다. 이래야만 외부의 미생물이나 먼지 등이 피부를 뚫고 몸 내부로 파고드는 불상사를 막을 수 있거든요.

이렇게 가시층에서 촘촘하게 엮인 피부 세포는 다음 층인 과립층에 이르러서는 지방 성분을 분비해 스스로 기름칠을 합니다. 그물처럼 엮인 세포들 사이의 미세한 틈새도 막고 방수 기능까지 더하는 것이죠. 이쯤 되면 각질 형성 세포는 서로 꽉 맞물린 채 핵을 토해내고 죽어서 단단한 각질판을 이룹니다. 이것이 피부의 최외곽층에 위치한 각질층으로, 각질층을 구성하는 세포들은 죽은 세포인 거죠. 하지만 그냥 죽은 세포가 아니라, 데스모솜으로 촘촘히 엮이고 지방층으로 꼼꼼히 코팅된 피부의 벽돌담입니다. 각질층은 외부와 직접 맞닿기 때문에 물리적 충격을 자주 받습니다. 외부에서 물리적 자극이 가해질 때마다 조금씩 떨어져 나가지만, 애초에 죽은 세포인 데다 떨어진 만큼 새로 보충됩니다.

이처럼 각질은 피부의 가장 바깥에서 외부 충격을 직접적으로 마주하는 곳이기에, 물리적 자극을 많이 받는 부위는 각질도 두꺼워집니다. 표피층의 평균 두께는 0.1밀리미터에 불과하지만, 손바닥은 1밀리미터, 발바닥은 1.5밀리미터에 달할 정도로 두꺼운 이유가 바로 이것입니다. 손과 발은 외부와 가장 많이 마찰하는 곳이니까요. 보다시피 각질의 두께는 물리적 자극에 비례하므로, 인위적으로 자극을 반복하면 각질 형성 세포의 활성이 자극받아 각질이 더욱 두꺼워집니다. 그걸 우리는 '굳은살'이라고 하지요. 굳은살은 주로 손과 발에 많이 생기는데, 애초에 이 부위는 각질층 자체가 다른 곳보다 두껍기 때문에 자극을 받으면 그만큼 더 활성화되어 굳은살이 쉽게 생기는 것이죠. 굳은살이 생겼다고 너무 걱정하지 마세요. 자극이 사라지면, 표피의 두께는 원래대로 되돌아가는 경우가 많으니까요.

사람의 피부에서는 하루에도 약 100만 개의 각질 세포가 떨어져 나가고 또 그만큼 보충됩니다. 한쪽에서 끊임없이 깎여 나가는 만큼, 다른 쪽에서 채우는 식으로 전체 부피를 유지하지요. 그러려면 각질층을 구성하는 각질 세포는 물 흐르듯 움직이는 동시에 물샐틈없이 안정적인 구조를 유지해야 합니다. 즉, 빈틈없이 공간을 꽉 채우면서도 표면적이 가장 작은 형태여야 하지요. 이미 1887년 영국의 수학자이자 물리학자 켈빈 경Lord Kelvin은 '어떤 공간을 동일한 부피로 채우면서 표면적이 가장 작은 형태'를 수학적으로 계산한 바 있습니다. 켈빈 경의 계산에 따르면, 이 조건을 만족시키는 물체는 14면체였습니다. 그로부터 130여 년이 지난 2016년에 과학자들이 피부 각질을 자세히 관찰한 결과, 각질 세포가 바로 14면체로 구성되어 있음을 알아냅니다. 인간의 각질 세포는 수학적으로도, 생물학적으로도 최적의 구조였던 겁니다.

손상 입은 피부를 대체하라

피부는 신체의 표면에 존재하다 보니 손상을 입기 쉽습니다. 대수롭지 않은 손상도 있지만, 광범위한 손상은 그 자체로 치명적입니다. 앞서 말했듯 피부의 1차적 역할은 인체의 방어벽이죠. 방어벽이라 하면 외부의 적으로부터 내부를 지키는 역할만 생각하지만, 더 중요한 건 내부의 물질이 외부로 흘러 나가지 못하게 막는 역할입니다. 피부 역시 외부의 세균이나 바이러스가 몸 안으로 침입하지 못하게 막는 방패 역할을 하는 동시에, 내부의 수분이 외부로 증발하지 못하게 막는 덮개 역할을 겸합니다. 예를 들어 화상이 피부의 20퍼센트 이상을 침범할 경우, 비율이 높아질수록 사망률은 그에 비례해 늘어나며, 80퍼센트 이상이 손상되면 거의 생존하지 못합니다. 화상을 입어 피부 장벽이 무너지면서 생기는 탈수와 감염 증상을 이겨내기가 너무나 버겁기 때문이지요. 따라서 화상으로 인한 불가역적 피부 손상이 일정 크기 이상이라면, 피부 이식이 필수적입니다.

가장 먼저 시도된 것이 자가이식입니다. 환자의 건강한 피부를 떼어내 회복 불가한 손상을 입은 부위를 덮어주는 것을 뜻하죠. 자신의 조직을 이용하기에 면역학적 거부반응을 신경 쓸 필요가 없고 영구적 생착이 가능하지만, 마찬가지 이유로 그나마 남아 있는 건강한 피부마저 손상되는 것이 문제입니다. 그래서 의사들은 손상된 피부보다 좁은 면적의 피부를 떼어낸 후, 여기에 그물 모양으로 작은 절개창을 내어 피부를 늘려서 이식하기도 합니다. 피부 자체가 어느 정도 회복력이

조금씩 몸을 바꾸며 살아갑니다

있어서 가능한 방법인데, 이 역시도 한계가 있는 데다 손상된 피부가 복구되는 과정에서 흉터가 생길 가능성도 높습니다. 또한 이식한 피부가 수축해서 해당 부위가 비정상적으로 쪼그라들거나 관절 가동 범위에 제한이 생기는 경우도 보고되었고요.

하지만 뭐니 뭐니 해도 피부 자가이식의 가장 큰 딜레마는 손상 부위가 크면 클수록, 즉 증세가 심각해 피부 이식이 더 많이 요구될수록 이식 가능한 건강한 피부가 모자란다는 것입니다. 잃어버린 피부를 대체할 새로운 피부 조직이 절실히 필요한 셈입니다. 이를 위해 기증된 시신에서 피부 조직을 채취하여 급성 거부반응을 일으키는 세포들을 제거한 다음, 콜라겐과 키토산 등 진피의 상당 부분을 구성하는 결합조직 위주의 무세포 동종 진피Acellular Dermal Matrix, ADM를 개발합니다. 돼지의 콜라겐을 동결 건조하여 스펀지 형태로 만든 인공 진피 등이 개발되기도 했고요. 이들 인공 진피 조직은 양분은 풍부한 데 반해 세균에 대한 저항성이 없어서 쉽게 감염된다는 문제점이 있습니다. 이식 후 손실되는 양이 많다는 것이죠. 그렇다면 진짜 피부를 대체할 수 있는 다른 조직은 없을까요?

실험실에서 피부를 만들다

안 되면 되게 하는 것이 인류의 특성 중 하나죠. 1983년, 미국 아이오와주에 살던 어린 형제가 불장난하다 화상을 입어 응급실로 이송되었습니다. 아이들의 피부는 90퍼센트 넘게 손상되어 생존 가능성이 제로에 가까워 보였죠. MIT 출신으로 하버드 의대에서 연구하던 하워드 그린Howard Green 박사는 겨우 일곱 살, 다섯 살에 불과한 어린 형제의 생명을 살리기 위해 실험적인 시도를 합니다. 그는 이미 환자의 피부에서 추출한 세포를 배양해 만든 피부 시트를 화상 환자의 피부에 이식하는 기술로 특허를 받은 바 있었습니다. 하지만 이 아이들에게 성한 피부라고는 거의 남아 있지 않았기에, 이번에도 성공하리라는 보장은 없었지요. 다행스럽게도 그린 박사는 이 형제의 겨드랑이와 발바닥에 겨우 남아 있던 정상 피부에서 세포를 추출한 뒤 시험관에서 배양하여, 약 1제곱미터의 피부 시트를 만들어내는 데 성공하면서 형제의 목숨을 건질 수 있었습니다.

이 성공을 통해 자가 세포로 만든 피부 시트를 환자에게 이식하는 기술이 화상 치료에 매우 유용하게 쓰일 수 있다는 사실이 밝혀졌습니다. 하지만 이 피부 시트는 피부 표면을 덮어 더 이상의 손상을 막아주기는 해도, 표피와 진피를 구성하

조금씩 몸을 바꾸며 살아갑니다

는 다양한 세포가 모두 배양된 것은 아니기에 원래의 피부가 지닌 역할을 전부 수행할 수는 없습니다. 그래서 최근에는 콜라겐 조직에 진피 세포층을 배양해 결합시킨 복합 인공 피부, 3D 프린팅 기법을 이용해 피부에 존재하는 다양한 세포와 결합조직을 유기적으로 결합시킨 적층형 인공 피부, 줄기세포를 분화시켜 피부 조직을 재건하는 줄기세포 유래 인공 피부 등 다양한 방식의 인공 피부들이 개발되고 있습니다. 그러나 아직까지는 자가 피부 이식을 완전히 대체할 만큼 완벽한 피부 조직의 배양은 어려운 실정입니다.

더 나은 기술과 더 넓은 기술

인공 피부는 원래 화상 환자 등 피부 손상 환자들의 치료용으로 개발되었지만, 인공 피부의 개발이 가져온 또 하나의 변화가 있습니다. 바로 동물실험에 희생되는 동물들의 수를 획기적으로 줄인 것입니다. 화장품이나 자외선 차단제 등 피부에 바르는 제품은 동물실험을 거쳐 개발되곤 했습니다. 동물실험은 그 자체로 동물에게 고통을 주는 데다 실험에 동원된 동물들은 대개 안락사되기 마련이어서 동물 윤리 문제가 이전부터 꾸준히 대두되었습니다. 하지만 동물실험 없이 인체에 바로 테스트할 수는 없는 노릇이라, 이 문제는 늘 삼킬 수도 뱉을 수도 없는 뜨거운 감자였지요. 인체에서 유래한 세포로 구성된 인공 피부의 개발은 이런 논란을 일거에 잠재울 수 있었습니다. 또한 표면에 털이 많고 조직 구성이 인간과 차이 나는 동물의 피부와는 달리, 인체에서 유래한 세포로 만든 인공 피부는 인간의 피부 특성에 더 가까워 임상 실험의 정확성을 높일 수 있다는 점도 효과적이지요.

인공 피부의 적용 범위는 사람과 동물을 넘어 의족과 의수까지 아우릅니다. 신체의 일부를 잃으면 이를 보완하기 위해 보철 장치를 장착하곤 하는데, 이때 인공 피부를 이용하는 것이죠. 초기에는 색과 질감이 피부와 비슷한 실리콘을 사용했다면, 최근에는 다양한 센서를 통해 외부 자극을 감지할 수 있는 기능까지 첨가된 것이 특징입니다. 인공 의수가 미세한 압력을 감지하는 능력을 갖추는 것은, 인공 보철물이 단순한 공간적 대체재를 넘어 기능적 대용재로 작용하는 데 있어 매우 중요합니다. 기존의 의수는 단단한 벽돌을 꽉 잡는 것은 가능해도 유리병이나 달걀을 깨뜨리지 않고 잡는 것은 어려웠거든요. 하지만 압력 감지 장치가 장착된 모델이라면 이것이 가능하며, 사람의 손을 잡을 때도 상대가 다치지 않도록 힘을 조절할 수 있습니다. 여기에 인공 피부가 더해지면, 인간의 손이 지닌 부드럽고 탄성이 있는 촉감도 살릴 수 있게 됩니다.

논문 사이트와 특허 사이트에서 인공 피부를 검색해보면 수많은 연구 자료를 찾을 수 있습니다. 그 기원도 인간의 신체 조직과 동물의 조직에서부터 식물의 질긴 섬유질 막 구조와 인공 합성된 폴리머들에 이르기까지 다양하며, 그 특성과 적용 범위도 각양각색입니다. 하지만 여전히 화상 환자들은 피부를 이식받지 못해 고통에 시달립니다. 가장 큰 이유는 이들에게 피부 이식을 할 기술이 부족해서가 아니라 제공할 수 있는 자원이 부족해서입니다. 다시 말해 기증된 사체 피부의 양은 수요에 비해 턱없이 모자라고, 이를 보완해줄 인공 피부의 가격은 너무 고가이기에 충분한 양을 구하기 어려운 것이죠. 더 나은 기술의 개발만큼이나 필요한 기술의 충분한 보급이 중요하다는 사회적 합의가 절실한 시점입니다.

12장

땀과 바꾼

—

털

인간은 털 없는 유인원이 아니다?

인류를 부르는 별칭은 많습니다. 그중에서도 독특한 것이 '털 없는 유인원'입니다. 물론 인류가 털이 아예 없지는 않습니다. 하지만 유전학적 친척인 다른 유인원들(침팬지, 오랑우탄, 고릴라, 보노보 등)이 북슬북슬하고 긴 털로 몸 전체를 덮은 것에 비하면, 머리카락을 제외하고는 눈에 띄는 털이 거의 없어서 이런 별명이 붙었죠. 이 표현은 매우 생물학적인 느낌을 주지만, 사실 생물학적으로 맞는 말은 아닙니다. 사실 인간도 꽤 털북숭이랍니다.

인간의 피부에서 털이 존재하지 않는 부위는 손바닥과 발바닥, 입술뿐입니다. 그리고 이곳에 털이 없는 것은 다른 영장류들도 마찬가지입니다. 온몸이 긴 털로 덮인 오랑우탄마저 손바닥과 발바닥에는 털이 없거든요. 사실 인간의 아이는 태어날 때부터 모낭毛囊, hair follicle을 두피에만 약 10만 개, 온

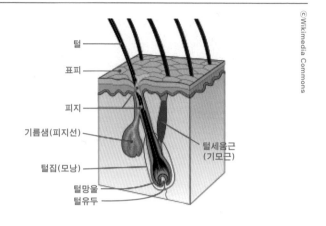

털
표피
피지
기름샘(피지선)
털집(모낭)
털망울
털유두
털세움근
(기모근)

피부의 구조(파란색 원형 부분이 모낭)

몸에는 약 300만~500만 개를 가지고 있습니다. 그러니 모낭 수로만 보면 다른 유인원들과 큰 차이가 없지요. 그럼에도 여전히 맨몸의 인간은 유인원 친척들에 비하면 '벌거벗은' 것처럼 보입니다. 이는 인간의 피부에 모낭이 적어서가 아니라, 그 모낭에서 만드는 털이 보잘것없어서입니다. 모낭도 충분하고 털도 나지만, 그 털이 매우 가늘고 길이도 짧아서 얼핏 없는 듯 보일 뿐인 것이죠.

털을 버리고 뇌를 얻다

그렇다면 인간의 털은 왜 이토록 짧고 가늘게 변했을까요? 인간이 꼭 더운 곳에서만 사는 것도 아닌데 말입니다. 이에 대해 대부분의 학자들은 인류가 진화 과정에서 뇌를 발달시키기 위해서는 털을 포기할 수밖에 없었다고 추론합니다. 이는 뇌를 얻기 위해서 인류가 털을 버렸다는 의미로도 읽힙니다. 그렇다면 털과 뇌 사이에 어떤 관계가 있기에 이를 동시에 얻을 수는 없었던 걸까요?

아주 멀고 먼 옛날, 지구에 최초로 등장한 생명체들은 하나의 세포로 이루어진 단세포생물이었습니다. 약 40억 년 전 최초의 단세포생물이 지구상에 나타난 이래, 이들이 뭉쳐서 다세포생물이 되는 데는 아주 오랜 세월이 걸렸습니다. 최초의 다세포생물은 약 21억 년 전에 출현했다고 알려져 있습니다. 따로따로 살다가 여럿이 모여 살면 아무래도 많은 것이 달라지기 마련입니다. 단세포생물과 다세포생물도 마찬가지였습니다. 환경도 조직도 역할도 달라지니까요. 단세포생물일 때는 모든 세포가 외부에 노출되는 정도가 같았지만, 다세포생물이 되니 달라집니다. 몸속에 위치한 세포들은 바깥 환경과는 아무런 접점이 없는 데 반해, 가장 바깥에 있는 세포들은 외부 환경에 오롯이 노출되기 마련이지요. 이들은 환경과 직접 맞닥뜨리기 때문에 상처 입거나 위험에 노출될 가능성이 훨씬 높았습니다. 그래서 진화 과정에서 생명체들은 몸의 표면에 일종의 방어벽 역할을 하는 촘촘한 피부 세포를 발달시켰으나, 이것만으로는 충분치 않았습니다.

이제 생물들은 저마다 다양한 방식으로 피부 밖에 또 다른 결계를 진화시킵니다. 달팽이는 미끈미끈하고 끈끈한 점액으로 피부를 덮어 보호했고, 딱정벌레는 딱딱한 키틴질의 껍데기로 몸을 무장했으며, 물고기나 파충류는 얇지만 단단한 조직인 비늘을 만들어 피부를 겹겹이 덮어씌우기도 했습니다. 조류는 깃털을, 포유류는 털을 만들었고요. 튼튼하고 질긴 단백질 섬유들을 꼬아 피부 세포에서 바깥쪽으로 길게 뻗어냄으로써 피부와 외부 환경 사이에 완충 역할을 하도록 한 것이죠.

털의 역할

털은 다양한 역할을 합니다. 기본적으로 털은 피부가 직접 드러나는 것을 막아 살갗이 쓸리거나 벗겨지지 않도록 하고, 약간의 탄성이 있어 외부의 물리적 충격으로부터 보호하는 기능도 있습니다. 또한 감각기능(고양이의 수염은 털인 동시에 예민한 감각기이기도 합니다)을 확장해, 피부에 직접 닿기 전에 외부 자극을 감지하는 역할도 하지요. 하지만 뭐니 뭐니 해도 털의 가장 큰 역할은 '단열'입니다. 털은 외부와 내부의 열을 완벽하게 갈라놓는 효과적인 단열 장치입니다.

털을 구성하는 케라틴 단백질은 열전도율이 매우 낮은 물질로, 금속 물질인 납에 비해 열전도율이 8만분의 1에 불과할 만큼 열을 잘 전달하지 않습니다. 게다가 동물의 구조상 털 사이사이에 공기층을 품고 있는데, 공기층의 열전도율은 케라틴 단백질보다 더 낮기 때문에 털을 중심으로 피부와 외부 대기는 거의 완벽하게 차단되지요. 즉, 열전도율이 낮은 단백질로 이루어진 빽빽하게 난 털과 그 사이사이에 품은 공기층은 포유류의 체온이 빠져나가는 것을 방지할뿐더러 밖의 열이 들어오는 것을 막기도 합니다. 북극곰이 북극의 칼바람 속에서 얼음 위를 뒹굴면서도 얼어 죽지 않고, 낙타가 뜨거운 사막을 횡단하면서도 피부에 일광 화상을 입지 않는 것을 보면 털가죽의 단열 효과는 정말 대단하다는 걸 알 수 있지요.

털의 이런 단열 효과는 포유류가 주변 환경에 상관없이 일정한 체온을 유지하는 데 분명 도움을 주었을 겁니다. 그래서 해가 떨어지고 기온이 낮아져 파충류들이 기운 없이 느려지는 동안에도 포유류들은 재빠르게 돌아다닐 수 있었죠. 그런데 지나친 장점은 때로 가장 취약한 단점이 되기도 합니다. 털의 문제는, 단열 효과가 뛰어나도 너무 뛰어나다는 것입니다.

사바나에 사는 육식동물 중에는 치타를 비롯해 달리기 선수들이 많습니다. 이들은 순간 최대속력이 시속 110킬로미터에 달해 자동차만큼이나 빠르지만, 오래 달리지는 못합니다. 이때 '오래'의 기준은 겨우 1분 정도입니다. 이들이 최대속력을 오래 유지하지 못하는 것은 체력이 떨어지거나 게을러서가 아닙니다. 몸이 지나치게 열을 받아서입니다. 순간적으로 폭발적인 힘을 내기 위해서는 그만큼 에너지를 많이 태워야 하는데, 이 과정에서 발생하는 열이 털에 갇혀 외부로 배출되지 못하기 때문에 문제가 생깁니다. 털에 갇힌 체열은 체온을 높이고, 단백질로 구성된 몸은 열에 취약하죠. 그래서 치타와 같은 단거리선수들은 사냥 초반에 먹잇감을 잡지 못하면 곧 포기하고, 몸을 식히기 위해 서늘한 나무 그늘을 찾아 들어갑니다. 몸이 스스로의 체온으로 익어버리는 것을 방지하려고요. 그래서 털가죽이 빽빽한 동물들은 빨리 뛸 수는 있지만, 오래 뛰지는 못합니다.

인류의 달리기 능력은 최대속력이 느리다는 것 때문에 과소평가된 감이 없지 않은데, 인류도 상당히 잘 달리는 종족 중 하나입니다. 잘 발달한 엉덩이와 넙다리근육, 용수철처럼 탄성 있고 튼튼한 햄스트링과 아킬레스건으로 이루어진 인간의

조금씩 몸을 바꾸며 살아갑니다

다리는 매우 효율적인 이동 수단으로, 에너지를 최소화하여 움직일 수 있도록 디자인된 진화공학의 놀라운 산물입니다. 걷기 운동을 꽤 많이 했음에도 살이 빠지지 않는다고 투덜대는 사람들을 종종 봅니다. 그건 인간의 다리가 너무나 효율적으로 최적화되어 있어서 에너지 소모를 매우 적게 하기 때문이지요.

실제로 미국 워싱턴 대학교의 허먼 폰처Herman Pontzer 교수는 침팬지와 인간의 보행 특성을 분석한 결과, 인간은 침팬지에 비해 걷는 데 에너지를 훨씬 적게 쓴다는 사실을 밝혀냅니다.* 폰처 교수는 체중이 50킬로그램인 사람과 침팬지를 러닝머신에 올려 똑같이 1킬로미터를 걷게 한 뒤, 각기 소모된 열량을 측정했습니다. 그랬더니 사람은 1킬로미터를 걷는 데 겨우 13킬로칼로리를 소비한 반면, 침팬지는 그보다 훨씬 많은 평균 46킬로칼로리를 소모한 것으로 나타났습니다. 에너지 효율의 측면에서 본다면, 인간의 걷기 효율은 침팬지의 3.5배에 달합니다. 에너지 효율이 높다는 것은 그만큼 적게 먹고도 더 많은 거리를 이동할 수 있다는 뜻이니 당연히 유리할 수밖에 없습니다.

* Roxanne Khamsi, "Walking on two feet was an energy-saving step," *New Scientist*, 2007. 7. 16.

이처럼 인간의 다리는 폭발적인 스피드를 낼 수는 없지만, 오랫동안 꾸준히 걸을 수 있습니다. 인간은 단거리 주자가 아니라 장거리 마라톤 선수에 가까운 셈이죠. 그래서 초기 인류는 튼튼한 다리로 성큼성큼 부지런히 걸어 먼 곳에서도 먹잇감을 구할 수 있었지요. 늘 책상 앞에만 앉아 있고 자동차라는 문명의 이기에 길들여져 있는 현대인의 입장에서는 상상하기 힘들지만, 지금도 전통적 수렵 채집인들은 매일 평균 9~15킬로미터를 이동하며 살아갑니다. 아마도 예전에는 이보다 더 많은 거리를 걸어 다녔을 겁니다.

그런데 이렇게 달리기를 오래 하면 체온이 오릅니다. 특히 신체 부위 가운데 뇌는 열에 가장 민감한 기관이죠. 흔히 '열사병'이라 불리는 온열 질환은 뜨거운 땡볕이나 밀폐된 더운 곳에서 운동(혹은 육체노동)을 할 경우, 올라간 체온을 식히지 못해 발생하는 증상으로 여름철 사고사의 큰 원인입니다. 열을 제대로 식히지 못해 체온이 섭씨 40도 이상이 되면 뇌가 제 기능을 못 해 열사병 증상(어지럼증, 피로감, 두통, 시야 흐림, 오심과 구토 등)이 나타납니다. 이때 즉시 움직임을 멈추고 체온을 낮추지 않으면 약 80퍼센트가 사망에 이르며, 요행히 살아남은 이들 중에서도 약 20퍼센트는 영구적 장기 손상이 후유증으로 남을 만큼 무서운 것이 열사병입니다. 그러니 인류가 달리기를 오래 하기 위해서는, 단열 효과가 좋은 털은 오히려 방해 요소였을 겁니다.

환경이 변한다고 반드시 진화가 뒤따르는 것은 아니지만, 바뀐 조건에서 살아남은 존재는 무언가 변화가 있었기 마련입니다. 더 많이 걷기 위해서는 체온을 더 잘 식힐 필요가 있었겠지요. 이미 인류는 털을 점점 더 짧고 가늘게 하여 단열 효과를 떨어뜨리고 열 발산을 쉽게 하는 동시에, 성능 좋은 땀샘을 피부에 대량으로 분포시켜 냉각 효과를 극대화하는 방향으로 진화적 압력을 받게 됩니다. 운 좋게 그런 능력을 획득한 존재는 무사히 살아남아 우리의 조상이 되었습니다. 그리고 이렇게 효과적으로 체온을 식힐 수 있었기에 열에 민감한 뇌를 더 크게 발달시키게 되었고요.

인간의 땀 흘리기 능력은 포유류 중 단연 상위권에 속합니다. 사람은 약 200만~500만 개의 땀샘을 가지고 태어나며, 땀샘 한 개마다 1분당 2~20나노리터의 땀을 만들 수 있습니다. 이를 환산하면, 사람은 시간당 240밀리리터에서 최대 8리터까지 땀을 흘릴 수 있다는 걸 의미합니다.* 땀은 기화열을 통해 피부에서 열을 빼앗아 체온을 낮추는 역할을 합니다. 이처

---

  * 사라 에버츠, 『땀의 과학』, 김성훈 옮김, 한국경제신문, 2022.

럼 인간은 털을 벗고 땀을 흘리며 뇌를 발달시킨 존재입니다. 그러니 생물학적으로 인간을 분류한다면, 털 없는 유인원보다는 땀 흘리는 유인원이 더 정확한 표현이지 않을까요?

휴지통 머리카락?

장거리달리기 선수이자 열에 취약한 커다란 뇌의 소유자답게 몸털을 지속적으로 줄여온 인간이지만, 여전히 몸털은 완전히 사라지지 않았고 일부는 오히려 더 길고 풍성하게 자라났지요. 대표적인 것이 바로 머리카락입니다. 왜 유독 머리카락만 길게 남았는지 정확한 이유는 알 수 없습니다. 직사광선을 받는 머리 꼭대기를 태양 빛으로부터 가려주어 뇌가 뜨거워지는 것을 막아서라든가, 풍성한 머리카락이 젊음과 생식력을 상징해 성선택의 도구가 되어서라고 추측하기도 합니다.* 그런데 이 머리카락에는 또 다른 기능이 숨어 있습니다.

머리카락을 비롯한 모든 털은 한번 돋아나면 끝이 아니라 주기적으로 교체됩니다. 털을 만들어내는 모낭은 성장기-휴

---

* 앨런 S. 밀러·가나자와 사토시, 『처음 읽는 진화심리학』, 박완신 옮김, 웅진지식하우스, 2008.

조금씩 몸을 바꾸며 살아갑니다

지기-탈락기를 반복하지요. 성장기에는 모낭이 털을 구성하는 단백질들을 꾸준히 생산해 밀어내기에 털이 점점 길어집니다. 그러다 휴지기에는 더 이상 길어지지 않고 그대로 유지되다가, 탈락기가 되면 모낭이 쭈그러들고 털이 분리되어 피부에서 떨어집니다. 이때 모낭이 쭈그러들었다고 해서 죽은 것은 아닙니다. 시간이 지나면 활동을 재개해 성장기-휴지기-탈락기를 반복하게 되지요.

보통 동물의 털은 계절의 변화에 따라 자랐다가 빠지는, 일종의 계절성 주기를 갖습니다. 흔히 '털갈이'라고 하는 현상을 이릅니다. 겨울을 대비해 멧토끼의 갈색 털이 빠지고 흰 털이 난다든가, 노루의 여름털은 짧고 거칠지만 가을 털갈이 이후 겨울털은 긴 털 아래 곱슬곱슬한 솜털이 난다든가 하는 식으로요. 이렇게 동물들은 털갈이를 통해 계절의 변화에 대응합니다. 따라서 동물들의 털은 대개 모낭의 성장 주기가 같습니다. 같이 자라고, 같이 멈추고, 같이 빠지는 것이죠.

그런데 사람은 좀 다릅니다. 사람의 두피에는 약 10만 개의 모낭이 존재하고, 모낭의 수명은 2~6년 정도이며, 만들어내는 머리카락의 길이는 하루에 0.3밀리미터 내외로 비슷하지만, 모낭들의 성장과 탈락 주기는 제각각입니다. 즉 사람은 털갈이하는 동물처럼 특정 시기에 머리카락이 한꺼번에 빠졌다가 나지 않으며, 매일매일 조금씩(하루에 50~100가닥) 교체됩니다. 이렇게 머리카락을 부분적으로만 교체하는 이유는 뭘까요?

이에 대한 가장 신빙성 있는 가설은, 머리카락이 일종의 '노폐물 저장고'라는 것입니다. 성장기의 모낭은 부지런히 단백질들을 그러모아 머리카락을 만듭니다. 머리카락의 주성분은 케라틴이지만, 우리가 먹고 마시고 피운 다양한 물질 중에서 체내에 필요 없거나 독성이 있는 물질이라 하더라도 머리카락을 만드는 데 쓰입니다. 특히 담배나 약물 속에 든 독성 성분은 우리 몸에 담아두기엔 해로우니, 이런 것들을 모아 머리카락을 만들 때 섞어서 몸 밖으로 내보내는 것이죠.

도핑 검사나 마약 검사 등에서 금지 약물의 복용 여부를 머리카락을 채취해 하는 이유도 이 때문입니다. 머리카락은 이런 노폐물들을 저장할 뿐 아니라 자라는 속도도 일정하기에, 머리카락만 조사해도 약물들에 언제 노출되었는지 비교적 정확하게 알아낼 수 있지요. 머리카락의 생장 주기가 제각각이어서 늘 일정한 수의 머리카락을 떨어뜨리는 것은 이런 이유에서입니다. 이렇게 하면 체내의 독소를 꾸준하게 제거할 수 있으니까요.

조금씩 몸을 바꾸며 살아갑니다

빠지는 머리카락, 상처 나는 마음

　아마도 머리카락으로 가장 유명한 캐릭터는 독일 그림 형제의 동화 속 라푼젤일 겁니다. 왕자는 라푼젤이 탑 아래로 늘어뜨린 길고 아름다운 머리카락을 보고 한눈에 반합니다. 풍성하고 윤기 흐르는 머리카락은 아주 오랜 시절부터 젊음과 건강, 성적 매력, 심지어 힘과 권위의 상징이었습니다. 머리숱이 젊음과 힘의 상징인 것은, 나이가 들어갈수록 이에 비례해 모낭의 수도 점점 줄어들기 때문입니다. 그렇기에 역으로 젊은 나이에 찾아온 탈모는 큰 고민거리가 됩니다. 탈모가 그 자체로 생명이나 신체 건강에 지장을 주는 건 아니지만, 젊은 나이에 생긴 심각한 탈모는 팔이나 다리를 잃었을 때 느끼는 상실감과 비슷할 정도로 엄청난 스트레스를 발생시킨다고 하지요.

　사실 머리카락은 다양한 이유로 빠집니다. 노화, 두피 손상, 유전적 소인, 기생충 감염, 영양실조, 약물 부작용…… 이에 더해 극심한 정신적 충격이나 스트레스도 탈모를 유발합니다. 2021년 하버드 대학교 연구진들은 생쥐를 이용한 탈모 실험을 통해, 스트레스를 받으면 분비량이 늘어나는 코르티솔 호르몬이 모낭 세포를 위축시키는 경로를 찾아냄으로써 스트레스성 탈모의 메커니즘을 밝힌 바 있습니다.[*] 스트레스를 받으면 머리가 빠지는데, 머리가 빠지면 그것이 또 스트레스가 되니 참으로 아이러니한 일이죠.

아주 오래전부터 인류는 털이 적은 부위를 추위나 충격으로부터 보호하기 위해 동물의 털을 사용해왔습니다. 대표적인 것이 양털입니다. 양의 보드라운 솜털wool은 셔츠와 양말이 되어 사람들을 포근하게 감싸주었고, 뻣뻣한 겉 털hair은 덮개나 카펫이 되어 바람을 막아주었습니다. 그러니 노출된 피부를 동물의 털로 가리는 것처럼, 드러난 두피도 다른 털로 덮으면 되지 않을까요?

이미 3,000년 전 고대 이집트에서도 가발을 썼다는 기록이 있을 만큼 가발의 역사는 오래되었지만, 20세기까지 가발의 재료는 오로지 다른 이의 머리카락이나 말총 등 다른 동물의 털이었습니다. 오 헨리의 단편소설 「크리스마스 선물The Gift of the Magi」 속 가난한 주인공 델라가 머리카락을 팔아 남편에게 선물할 멋진 시곗줄을 살 수 있었던 것도 머리카락을 구하는 이들이 많았기 때문입니다. 20세기 중반 이후, 화학 산업의 발전과 함께 다양한 합성섬유가 개발되었습니다. 그중에는 사람의 머리카락과 유사한 것들도 있어 가발 산업은 크게 활황을

* Sekyu Choi et al., "Corticosterone inhibits GAS6 to govern hair follicle stem-cell quiescence," *Nature* 592, 2021.

띠었고, 가발의 종류도 다채로워졌습니다. 특히 최근에는 뛰어난 기술 발전에 힘입어, 잡아당겨보기 전까지는 가발인지 아닌지 모를 만큼 정교하고 감쪽같은 가발도 생산되고 있지요. 하지만 가발만으로는 탈모로 인한 스트레스를 사라지게 만들 수 없었습니다.

머리카락도 이식한다!

의학의 발달로 장기이식이 가능해지자, 누군가 머리카락도 이식이 가능하지 않을까라는 생각을 하게 됩니다. 최초의 모발 이식은 1939년 일본의 피부과 의사 오쿠다 쇼지에 의해 시도됩니다. 그는 두피에 화상을 입어 머리카락을 잃은 환자에게 모발이 붙어 있는 피부를 이식하는 데 성공합니다. 당시에는 모낭만이 아니라 피부 전체를 이식했기 때문에 이식용 피부를 구하는 것이 쉽지 않았습니다. 이 분야의 연구는 꾸준히 지속되었고 최근에는 머리숱이 많고, 설령 적더라도 눈에 덜 띄는 후두부의 모발에서 모낭을 하나하나 채취해 이를 흉터 없이 이식하는 데까지 이르렀습니다.

의사들이 모발 이식에 성공을 거두는 사이, 제약 회사들은 머리카락 세포를 다시 살리는 약물 개발에 뛰어듭니다. 현재까지 국제적으로 공인된 발모제는 미녹시딜과 피나스테리드 단 두 종류뿐입니다. 원래 미녹시딜은 궤양을 치료하기 위해 개발 중이던 신약이었는데, 정작 궤양 치료에는 별 효과가 없는 대신 혈관을 확장시키는 효과가 있음이 알려져 1970년대 들어 고혈압 치료제로 시장에 처음 등장한 약물입니다. 그런데 이 고혈압 치료제를 복용하던 사람들 가운에 부작용으로 다모증을 보고하는 이들이 많아지자, 이를 다시 특성화시켜 탈모 치료제로 개발되었지요.

모낭 세포도 살아 있는 세포인 만큼 혈관을 통해 영양분을 충분히 공급받아야 잘 자랍니다. 그런데 두피로 가는 혈관이 여러 가지 이유로 축소되면, 제대로 영양분을 얻지 못한 모낭들은 시들시들해지다 굶어 죽게 마련입니다. 미녹시딜은 두피 혈관을 확장해 이들이 굶어 죽지 않게 보호하는 것이죠. 그래서 미녹시딜은 젤이나 거품 형태의 제제를 두피에 직접 바르는 형태로 사용해야 합니다(먹는 미녹시딜 성분은 앞서 말한 것처럼 고혈압 치료제로 사용되니 주의해야 합니다). 또한 미녹시딜은 머리카락의 탈락을 방지하고 휴지기를 줄이며, 휴지기에 들어선 모낭을 자극해 다시 머리카락을 나게 하는 등 탈모 방지와 발모 효과를 동시에 나타냅니다.

또 다른 탈모 치료제인 피나스테리드는 남성형 탈모의 원인이 되는 디하이드로테스토스테론Dihydrotestosterone(효소 역할을 하는 호르몬)의 작용을 억제시켜 탈모를 조기에 방지하는 데 효과적인 약물입니다. 디하이드로테스토스테론은 남성 호르몬인 테스토스테론의 일종으로, 유전적으로 이들을 만들어내지 못하는 남성의 경우 남성형 탈모가 나타나지 않는다는 사실에 착안해 개발된 물질입니다. 현재까지 개발된 탈모 치료제 중 가장 효과가 뛰어나지만, 남성호르몬과 연관된 약물이기에 여성에게는 금지되어 있으며, 애초에 테스토스테론의 일종이므로 부작용이 있어서 신중히 사용되어야 합니다.

미녹시딜과 피나스테리드는 탈모로 고민 중이던 많은 이에게 한 줄기 희망이 되어주었습니다. 하지만 이들의 결정적 약점은 아직 모낭 세포가 활성을 잃지 않았을 때에만 효과가 있다는 것입니다. 다시 말해, 여러 이유로 약해지거나 휴지기에 들어선 모낭 세포를 자극하고 활성을 되찾아주어 다시 머리카락을 나게 하도록 유도할 수는 있지만, 이미 죽어버린 모낭 세포를 되살릴 수는 없습니다. 그러니 모낭 세포가 완전히 손상된 이후라면 이들 약물은 아무 소용이 없으며, 모발 이식만이 유일한 방법이었지요.

그런데 최근 과학자들은 동물실험을 통해 모낭의 줄기세포 활성에 관여하는 신호인 릭터시그널Rictor signal을 찾아냈습니다. 릭터시그널이 결핍된 생쥐는 모낭 줄기세포의 활성이 저해되어 털이 더 많이 빠졌는데, 여기에 글루타민 억제제를 투여하면 다시 모낭이 활성화됨을 보고해 탈모 치료의 새로운 가능성을 열었습니다.* 이 밖에도 글루타민 대사의 조절이 모낭 세포의 재생에 큰 영향을 미친다는 연구 또한 여럿 진행되고 있습니다. 이 과정의 비밀이 모두 밝혀진다면, 이미 빠져버린 머리숱을 되살리는 일도 먼 미래의 일은 아닐 겁니다.

그녀의 민머리가 아름다운 이유

해마다 전 세계에서 열리는 미인 대회, 아름다움을 지닌 이들은 많은 이의 찬사를 받기 마련이지만, 지난 2010년 미국 미인 대회에서 우승을 차지한 카일라 마텔Kayla Martell의 경우는 더욱 특별했습니다. 매우 아름다운 여성인 카일라 마텔에게는 머리카락이 없습니다. 열 살 무렵부터 원인을 알 수 없는 원형탈모증이 나타나 머리카락이 거의 빠져버렸거든요. 원형탈모증이란, 유전적 이상이나 자가면역학적 이유로 모낭

* Christine S. Kim et al., "Glutamine Metabolism Controls Stem Cell Fate Reversibility and Long-Term Maintenance in the Hair Follicle," *Cell Metabolism* 32(4), 2020.

이 저절로 사멸하는 질환입니다. 하지만 그녀는 민머리를 당당하게 드러내고 미인 대회에 참가해 많은 이의 응원을 받았습니다. 그녀는 머리카락의 유무가 내면의 아름다움을 가릴수 없다는 것을 증명하고자 대회에 나섰다고 합니다.

당당한 그녀의 태도 때문일까요? 동그란 그녀의 민머리가 꽤 '힙'해 보입니다. 어쩌면 탈모가 그토록 괴로운 건, 결국 이를 '정상적이지 않은 것'으로 보는 사람들의 시선 탓이 아닐까요?